八达岭长城风景林数字化管理技术及应用研究

BADALING CHANGCHENG FENGJINGLIN SHUZIHUA GUANLI JISHU JI YINGYONG YANJIU

赵广亮　编著

中国林业出版社

图书在版编目（C I P）数据

八达岭长城风景林数字化管理技术及应用研究 / 赵广亮编著. -- 北京 : 中国林业出版社, 2013.8

ISBN 978-7-5038-7152-8

Ⅰ. ①八… Ⅱ. ①赵… Ⅲ. ①数字技术—应用—八达岭—长城—风景林—森林管理 Ⅳ. ①S727.5-39

中国版本图书馆CIP数据核字(2013)第189536号

责任编辑：贾麦娥
装帧设计：张　丽
出　　版：中国林业出版社（100009 北京西城区刘海胡同7号）
电　　话：010—83227226
发　　行：中国林业出版社
印　　刷：北京卡乐富印刷有限公司
版　　次：2013年8月第1版
印　　次：2013年8月第1次
开　　本：787mm × 1092mm　1/16
印　　张：7
定　　价：38.00元

序

万里长城，以它浩大的工程、雄伟的气魄和悠久的历史著称于世，被列为世界奇迹。八达岭长城作为万里长城的精华更是驰名中外，其巍峨险峻、秀丽苍翠、气势磅礴，犹如巨龙盘旋延伸于群峦峻岭之中。长城风景林，鸟语花香、林木葱郁，恰似碧波翠浪簇拥在长城脚下，与长城浑然一体，迎接着八方来客，成为我国林业发展的一个窗口。因此，在保护长城文化古迹的前提下，如何科学、合理地经营管理好现有风景林资源，既能展示出风景林资源独特的审美价值和文化内涵，又能兼顾生态效益，是八达岭林业工作者肩负的使命。

风景林通过其绚烂的色彩美、婀娜多姿的外形美、错落有致的群体美给人以美的享受。因此，风景林的经营不同于其他森林类型，在配置上要充分运用树木的色彩、芳香、姿态和季相变化产生自然美的艺术效果，实现“停车坐爱枫林晚，霜叶红于二月花”的意境。在结构上应以多层次为好，尽量做到遍地林木荫翳，不露黄土，且疏密结合，错落有致。在整个风景林区既要考虑到景象空间微观的景色效果，也要考虑不同视距和不同高度宏观的景观效应，这就要求建立一套更适合风景林经营的管理技术和方法。近年发展起来的三维空间视域分析技术提供了这种可能。利用三维空间视域分析技术，在虚拟环境中，沿长城定义一个虚拟“观测者”的位置，通过调整观测者的高度和视程，来确定虚拟“观测者”在DEM上的可视范围，通过移动虚拟“观测者”的位置，可以获得一个连续的景观视域定量结果，从而为合理配置长城沿线风景林景斑经营模式提供了一个科学的依据。

赵广亮博士十几年致力于八达岭长城风景林的研究，提出了风景林景型、亚景型、景斑等概念及分类体系，研制了八达岭长城风景林数字化标准，利用三维空间视域分析技术和空间叠置分析技术，与风景林的经营结合在一起，提出了适合八达岭林场风景林实际的景斑经营模式，为风景林的经营和管理提供了可供借鉴的理论基础和思路，具有实用性和可操作性。

希望《八达岭长城风景林数字化管理技术及应用研究》一书的出版，可以在更广阔的领域发挥作用（风景区的管理和安全），为特殊地区风景林的经营和管理，提供可供借鉴的理论基础和经营思路，对于全面提升我国风景林的科学经营水平具有重要的参考价值。

2013年7月

前言

风景林资源是森林资源的重要组成部分，随着社会的发展、人们对环境要求的逐步提高及分类经营的进一步发展，风景林的管理越来越受重视，特别是风景林数字化和评价的问题。如何科学、合理地经营管理好现有风景林资源，既能展示出风景林资源独特的审美价值，又能兼顾生态效益的充分发挥，是当前风景林经营者考虑的难点和热点问题。

八达岭长城是举世闻名的名胜古迹，在某种意义上，八达岭长城文化是中国文化的缩影，八达岭长城风景林也是我国林业发展的一个窗口，因此在保护长城文化古迹的前提下，如何更好地经营和管理好八达岭长城地区的风景林，增加风景林的文化内涵，提高风景林的品质，就显得非常重要。

本书的主要工作是以八达岭长城风景林为研究对象，将三维空间视域分析技术和空间叠置分析技术与风景林的经营有机的结合在一起。利用现代信息技术、计算机技术、3S技术及空间数据分析技术，在对八达岭长城风景林进行了系统分类的基础上，借助于PDA技术、扫描矢量化技术及现代遥感技术对风景林信息进行了数字化的采集。结合DEM，对八达岭长城风景林进行了系统、客观的定量化分析和评价。通过对35个虚拟观景点近景、中景、远景视域情况的分析，对游客产生的视觉冲击效果影响的大小，将空间视域分析结果划分为三级：对游客视觉冲击效果影响最大的景斑，确定为近景多视角特效一级区；对游客视觉冲击效果影响一般的景斑，确定为中景宽视角增效二级区；对游客视觉冲击效果影响较小的景斑，确定为远景广视角补效三级区。空间视域分析结果与风景林现状专题图（包括立地图、现状植被分布图、森林起源分布图等）进行叠加，获得新的景斑及不同的专题信息，共计产生了119种景斑类型。

全书共分9章。第一章：国内外风景林研究的现状；第二章和第三章：八达岭长城风景林研究的目的、意义和现状；第四章至第六章：八达岭长城风景林数据的收集、分类和数字化；第七章：八达岭长城风景林数字化平台的设计；第八章：空间视域分析和叠置分析的过程；第九章：根据视域分析的结果提出了八达岭长城风景林的10种经营模式。

在成书的过程中，对于各位师长的指导，以及同事的关心和帮助在此致以诚挚的谢意！同时感谢中国林业出版社编辑从修改到审稿各个阶段所给予的帮助。

限于本人的水平，以及阅读资料的限制，书中存在不足在所难免，恳请各位专家、学者和广大读者批评指正。

作者

2013年7月

目　录

序 ………… 3

前　言 ………… 5

第一章　风景林及数字化管理研究现状 ………… 11

1.1 风景林及风景林景观概述 ………… 11

1.1.1 风景林概述 ………… 11

1.1.2 风景林景观概述 ………… 12

1.2 风景林划分及其评价 ………… 13

1.2.1 风景林的划分 ………… 13

1.2.2 风景林的评价 ………… 16

1.3 风景林的建设与抚育更新 ………… 18

1.3.1 风景林的建设 ………… 18

1.3.2 风景林的抚育 ………… 19

1.3.3 风景林的更新 ………… 20

1.4 风景林的数字化建设及管理 ………… 20

1.4.1 数字风景林的技术体系组成 ………… 20

1.4.2 数字林业及风景林的国内外研究现状 ………… 23

1.4.3 风景林管理存在的问题及发展趋势 ………… 25

第二章　研究目的与内容 ………… 26

2.1 研究目的与意义 ………… 26

2.1.1 八达岭长城风景林经营管理存在的问题 ………… 26

2.1.2 研究意义 ………… 26

2.2 研究方法及内容 ………… 27

2.2.1 研究方法 ………… 27

2.2.2 研究内容 ………… 28

第三章　八达岭长城风景林基本情况…… 29
3.1 自然地理条件 …… 29
3.1.1 地理位置 …… 29
3.1.2 地质地貌 …… 29
3.1.3 气候 …… 29
3.1.4 水文 …… 30
3.1.5 土壤 …… 30
3.1.6 植物资源 …… 31
3.2 社会经济条件…… 31
3.3 风景林现状…… 31
3.3.1 八达岭长城风景林地类面积情况 …… 31
3.3.2 八达岭长城风景林有林地结构情况 …… 32
3.3.3 八达岭长城风景林树种结构面积情况 …… 32
3.3.4 八达岭长城风景林资源年龄结构情况 …… 33
3.3.5 八达岭长城风景林郁闭度分布情况 …… 33
3.3.6 八达岭长城风景林植被盖度情况 …… 34
3.3.7 季相特点 …… 34
3.4 八达岭长城风景林资源现状分析与评价…… 35
3.4.1 八达岭长城风景林资源现状分析 …… 35
3.4.2 八达岭长城风景林现状评价 …… 35
3.4.3 八达岭长城风景林主要特点及存在主要问题 …… 41
第四章　数据收集与预处理…… 42
4.1 基础数据的收集与整理…… 42
4.1.1 基础数据的收集 …… 42
4.1.2 应用软件的选择 …… 42
4.1.3 遥感数据源的选择 …… 42
4.1.4 基础数据的整理 …… 43
4.2 数据的预处理…… 43
4.2.1 图像数据的几何校正 …… 43
4.2.2 图像镶嵌处理 …… 45
4.2.3 试验区影像裁切 …… 45
4.2.4 图像配准 …… 45
第五章　八达岭长城风景林系统分类及数字化…… 47
5.1 八达岭长城风景林分类现状及存在的问题…… 47

5.2 八达岭长城风景林分类研究 …… 48
5.2.1 八达岭长城风景林分类的原则和依据 …… 48
5.2.2 八达岭长城风景林分类体系 …… 49
5.2.3 八达岭长城风景林分类技术标准 …… 50
5.3 八达岭长城风景林数字化标准体系建设 …… 51
5.3.1 数据分类与代码设计 …… 51
5.3.2 数据格式与投影标准 …… 56
5.3.3 数据拓扑检查与一致性检验 …… 57

第六章 八达岭长城风景林数字化信息获取技术 …… 59

6.1 基于常规技术的数字化信息采集方法 …… 59
6.1.1 扫描矢量化的一般问题 …… 60
6.1.2 扫描矢量化实现过程 …… 60
6.2 基于PDA技术获取现地基础空间信息 …… 60
6.2.1 PDA技术特点及林业行业传统外业调查存在问题 …… 61
6.2.2 PDA野外现地基础调查数据获取的一般过程 …… 61
6.2.3 PDA空间属性数据、图形数据的转出及与GIS的对接 …… 62
6.3 基于高分辨率遥感图像的风景林数字信息采集技术 …… 62
6.3.1 基于IKONOS影像的现状植被信息监督分类 …… 63
6.3.2 基于高分辨率遥感图像的风景林亚景型分类解译 …… 66
6.3.3 分类结果的矢量化过程及属性库的建立 …… 69

第七章 八达岭长城风景林数字化管理平台研建 …… 71

7.1 数字化管理平台的选择与开发 …… 71
7.1.1 八达岭长城风景林数字化管理平台的选择 …… 71
7.1.2 八达岭长城风景林数字化管理平台用户定制开发 …… 71
7.2 风景林数字化数据的转入与编辑 …… 75
7.2.1 图形、图像、属性数据的转入与调整 …… 75
7.2.2 数据的编辑、修改 …… 76
7.2.3 图形查询 …… 77
7.2.4 图形要素查询 …… 78
7.3 数字化数据的更新与维护 …… 78
7.3.1 数据更新 …… 78
7.3.2 系统的维护 …… 79

第八章 八达岭长城风景林三维空间视域分析与空间区划 …… 80

8.1 八达岭长城风景林现状 …… 80

8.1.1 八达岭长城风景林的区划 …… 80
8.1.2 八达岭长城风景林景斑的调查 …… 80
8.2 八达岭长城风景林三维空间视域分析 …… 80
8.2.1 地形三维可视化问题 …… 81
8.2.2 三维空间视域分析工程数据准备 …… 81
8.3 叠加分析 …… 92

第九章　八达岭长城风景林经营模式 …… 98

9.1 长城保安林经营类型 …… 98
9.1.1 保安林近景一级区灌木林经营模式 …… 98
9.1.2 保安林近景一级区有林地经营模式 …… 99
9.1.3 保安林中景二级区灌木林经营模式 …… 100
9.1.4 保安林中景二级区有林地经营模式 …… 101
9.1.5 保安林远景三级区经营模式 …… 101
9.2 长城观光林经营类型 …… 102
9.2.1 观光林近景一级区经营模式 …… 102
9.2.2 观光林中景二级区经营模式 …… 103
9.2.3 观光林远景三级区经营模式 …… 104
9.3 长城陵园林经营类型 …… 104
9.4 长城游憩林经营类型 …… 105
9.4.1 游憩林近景一级区经营模式 …… 105
9.4.2 游憩林中远景区经营模式 …… 105
9.5 长城友谊林经营类型 …… 106

参考文献 …… 107

第一章

风景林及数字化管理研究现状

1.1 风景林及风景林景观概述

1.1.1 风景林概述

风景林是风景名胜区的森林植被景观，由不同类型的森林植物群落组成，在森林的分类中属于特用林种之一。风景林以发挥森林游憩、欣赏和疗养为主要经营目的，不能随意采伐，是生物学、林学、生态学及其他自然科学开展科研活动的理想场所，也是风景名胜区、森林公园、自然保护区自然景观的重要组成部分。

我国地域辽阔，地形复杂，南北气候差异大，所以从北到南的风景名胜区都有独特的风景林。承德避暑山庄的万树园；北京西山以黄栌为主的红叶林；泰山孔庙的侧柏古林；南京栖霞山以枫香为主的红叶林；安徽黄山的黄山松林；西南地区的云南松林；海南岛的槟榔、椰子林，都是各具景观特色的风景林。风景林作为森林资源的一个类型，不仅能发挥森林游乐效益的功能，也有完善环境生态平衡的作用。在风景名胜区、城郊公园、自然保护区营造风景林，是发挥森林多种效益的极好方式和途径。

风景林有利于恢复大自然的生态平衡，具有调节气候、保持水土、改善环境、蕴藏物种资源等综合的生态效益（孟平，1995）。同时，在吸滞尘埃、降低噪音、调节气候、改善人居环境等方面也发挥着巨大的作用（陆兆苏，1994）。风景林通常与名胜古迹融为一体，如安徽黄山风景区。优美的风景林应从自然美、艺术美和生活美三个方面予以完善。自然美是森林在大自然中的奇特风光，有鸟语花香、林海风涛、浓荫蔽日、万木向荣等迷人景象，不仅要有视觉感官的欣赏，也还要有听觉和嗅觉方面的享受，森林的艺术美表现在山清水秀、四季色彩、郁郁葱葱、生气蓬勃的景气。风景林的建设要在保护好现有森林植被的基础上，以森林生态学理论作指导（Engle，2000），发展优良珍贵的观赏树种，实行乔、灌、草的结合，加速风景区的绿化和美化，同时，要充分运用树木的色彩、芳香、姿态等的自然美和季相变化的艺术效果，实现

“停车坐爱枫林晚，霜叶红于二月花”的诗境。风景林的结构以多层次为好，尽量做到遍地林木荫翳，不露黄土，且疏密结合，错落有致。在整个风景林区还要考虑到地形变化的因素，既有景象空间微观的景色效果，也要有不同视距和不同高度宏观的景观效应（Stafelbach，1984）。

1.1.2 风景林景观概述

风景林和风景林景观是两个不同的概念。风景林是具有较高观赏价值的森林植物群落。风景林中有木本也有草本，木本中有乔木、灌木和藤本，它们对所生长的环境有着较强的适应性。风景林拥有一定的组成结构和外貌，具有相对的稳定性。所以风景林是森林旅游、观光和疗养的重要内容，也是生物学、生态学等自然科学开展科研活动的理想场所。湖南张家界森林公园，四川九寨沟风景区，浙江莫干山风景区、雁荡山、千岛湖森林公园等就是以风景林为特色的旅游胜地。

风景林景观是风景林所表现的形象通过人们的感观传到大脑皮层产生一种实在的美的感受和联想（苏雪痕，1998）。风景林景观是风景林与相伴的环境间在某种程度上的统一性的反映，具备了科学性、艺术性和独特性（王小德，1999）。风景林景观的科学性主要与风景林的组成成分、外貌、季相、自然植物群落的结构、垂直结构与分层现象、群落中各植物种间的关系等密切相关。风景林景观的艺术性不仅体现在风景林与环境的组合配置上，还体现在如林相、季相、时态、林位、林龄等风景林自身具备的特点上。风景林景观的独特性存在于风景林的色彩美、姿态美、风韵美和群体美上。首先，风景林的色彩美可以体现在叶色、花色、果色、干色等方面，其中任何一种色彩都可成为风景林景观的一大特色，可加以开发利用。如浙江莫干山的绿色毛竹林，东北的白色树皮桦木林，黄山栾树的淡黄色花和粉红色蒴果，四照花的4个乳白色苞片等都是极好的以色彩取胜的风景林景观。其次单个风景林树木的个体姿态，如林冠天际线起伏的变化、树冠形状的差异等不同姿态的风景林均给人以不同的感觉（Paque，1997）；第二，传统的民族文化、社会发展均可以形成独特、别具一格的风景林风韵美。许多风景树木按照科学性、艺术性及各自的独特性组合起来就形成了风景林景观的群体美效果。实践中可以通过对风景林的规划和营造，充分运用风景林树木的色彩、芳香、姿态等自然美和季相变化的艺术效果，并结合地形地势因素，实现既有景象空间微观的景色效果，又有不同视距和不同高度的宏观景观效应（薛达等，2001；蒋有绪，2001）。

对风景林进行美学评价可以从中了解风景林的景观质量现状和存在的问题，并提出相应的经营对策和措施。若能定期地进行动态评价，则不仅可以了解风景林景观质量的动态变化，还可以研究评价过去各阶段不同风景林经营管理措施的效果，从而探讨如何对风景林进行有效的经营管理（杨学军等，1999）。但是，从目前来看，国内对风景林的微观的、定量的美学评价的研究较少，在森林经营工作中缺乏风景林特有的林分调查因子。因此，为了更好地提高我国的风景林经营水平，有必要摸索出一套系统而且行之有效的评价风景林的美学方法，为风景林的经营决策和技术措施的设计提供依据。

1.2 风景林划分及其评价

1.2.1 风景林的划分

风景林按照不同的标准有不同的划分方法，纵观国内外有关风景林划分的文献，风景林一般按照组成结构、林种及风景林的整体效果来划分。

风景林内不同的组成结构及林种的不同，是对风景林特征的部分描述，是风景林根据其某一特征进行的划分；而对于风景林的整体效果来说，是考虑了风景林整体的影响因素，当然也包括风景林组成结构及林种的不同，同时，融合了其他如生长发育阶段、景观位置等综合因素而对风景林进行的划分。从这个角度上说，按照风景林的整体效果标准进行的风景林的划分是对风景林分类最准确的描述。但按照组成结构、林种所进行的风景林的划分方法也发挥着积极的作用。在实践中，往往根据研究的不同目的、风景林的特征等选择其适合风景林划分的标准。

1.2.1.1 根据风景林的组成结构来划分

根据风景林的外貌特征及风景林所在的地段与周围环境及人文景观的联系可将风景林划分为五大类型，即水平郁闭型、垂直郁闭型、稀疏型、空旷型和园林型（孟平等，1995）。

（1）水平郁闭型风景林

水平郁闭型风景林是单层同龄林，林木的相对高差不超过20%，林木年龄差异小于一个龄级期，水平郁闭度在0.4以上，以0.4～0.7为最合适的森林（万志洲等，2001；王爱珍，1994）。林内植株分布较均匀且有较好的林下透视度。水平郁闭型风景林既可为纯林也可为混交林，一般由生态习性接近的树种组成。水平郁闭型风景林的观赏价值由树种组成、水平郁闭度、透视度、树冠长度、色调对照和林分卫生状况等因子决定，可通过评价以上这些因子来探讨水平郁闭型风景林的观赏价值。树种组成以针阔混交林或天然阔叶混交林为佳，纯林次之。水平郁闭度0.6～0.7，林内透视距离能达到100m以内，树冠长度宜大于树高的1/2，色调对比明显，林木无病虫及枯立木。

（2）垂直郁闭型风景林

垂直郁闭型风景林是复层异龄林，主林层与次林层的平均高差大于20%，林木年龄相差超过一个龄级期。垂直郁闭度0.4以上，以0.6～0.7为最适合。林木个体呈丛状分布，树冠高低参差不齐。不同层次的树种生态习性不同，下层树种要有一定的耐阴性才能形成层次鲜明、结构稳定的群落。垂直郁闭型风景林一般观赏价值较高，其中影响观赏价值的主要因子有树种组成、垂直郁闭度、透视度、树冠宽度、色调对照和林分卫生状况。树种组成以天然阔叶混交林或针阔复层混交林为优，林内透视距离在50m左右（翁友恒，2001）。四季色彩丰富，树冠天际线明显，具有森林自然野趣，林下地被稀疏但卫生状况良好。

（3）稀疏型风景林

稀疏型风景林郁闭度在0.1～0.3之间，常由丛状乔木构成的疏林地与草地结合进行造景。应选择树冠开张、枝叶疏、冠高比大和生长力旺盛的树种。植株忌规则式栽植，宜丛状或团状分布。配植的草种要求草质坚韧耐践踏。主要的评价因子有树种组成、树冠宽度、树冠长度、树木空间配置、地被物和卫生状况。树种组成以季节性景色的观赏树种，如银杏、枫香、五角枫、黄连木、鸡爪槭、栾树等为佳，形成自然树丛，林木较稀疏，林内透视距离可达300m以上。林下地被有较好的生长，草地覆盖度在0.8以上，随着季节变化有不同草花景观。

（4）空旷型风景林

空旷型风景林是指林中空地、草坪或与水面相连接的空旷地。水平郁闭度在0.1以下。这一类型要求周围有较好的风景林景观或其他景观。空旷型风景林的主要评价因子为空旷地形状、树木配置、地被物、眺望条件、卫生状况及周围风景林林相或其他景观等。林中有开阔的草地或水面与草地相连的空旷地，林木郁闭度0.1～0.3，树种组成以单一的乔木树种为佳，树体高大，树冠呈伞形开展，具有独特的观赏价值。一般而言，空旷型风景林周围都有茂密森林为背景，林内透视距离达500m以上，地被物覆盖度达0.8以上，多为草地或缀花草地。该类型风景林可开展游憩活动和露营。尤其风景区中人工营造的风景林，为了游览的方便开辟林间道路和林间隙地，各种朝向的林缘布置及林内古朴的小木屋、座凳等都是不可缺少的内容。

（5）园林型风景林

园林型风景林是森林公园或风景名胜区中由亭、台、楼、阁等建筑物或其他设施和观赏植物综合配置而成。影响园林型风景林观赏价值的主要因子有树种组成、眺望条件、道路状况、卫生状况、建筑物和服务性设施等。

1.2.1.2 根据风景林的树种组成来划分

按树种组成分类，风景林可分为如下几种类型（陆兆苏等，1985）：

（1）针叶树风景林

针叶树风景林又分常绿针叶树风景林和落叶针叶树风景林两种类型。常绿针叶树是我国常见绿化树种之一，也是风景林树种的重要组成部分。例如黄山海拔700m以上的黄山松纯林，庐山、天目山等的柳杉林，秦岭华山的华山松林等均是著名的常绿针叶林。落叶针叶树风景林主要体现在东北的落叶松林，江南的金钱松林以及水杉、池杉、落羽杉林。落叶针叶树风景林往往形成山岳、平川绿化的景观特色。

（2）阔叶树风景林

阔叶树风景林主要分落叶阔叶树风景林、常绿阔叶树风景林、竹类风景林、花灌木风景林。常见的落叶阔叶树风景林主要有刺槐林、银杏林、榆树林等，主要分布在北方林区；常绿阔叶树风景林主要分布在南方，例如青冈栎林、樟树林、楠木林、木荷林等；竹类风景林主要是指南方的丛生竹及北方的部分散生竹；花灌木风景林是山林植被景观中重要的风景林林种之一，不同季节的花灌木点缀林地，令人十分愉悦。

1.2.1.3 根据风景林的整体景观效果来划分

根据风景林整体的景观效果、树种组成、生长发育阶段及景观位置不同，风景林的景象特点也是多种多样的。

首先，从林相来看，林相是森林群落面貌的一个重要特征，其特征值由构成森林的树种组成而定。不同类型的风景林决定了不同的林相。就整体森林外貌而言，可分为常绿林与落叶林、针叶林与阔叶林、单纯林与混交林之分。常绿风景林给人以郁郁葱葱、勃勃生机的景象；落叶林则给人稀疏、通透、光线充足、温暖的景象，常绿与落叶混交风景林则介于两者之间。针叶林如松、杉、柏等表现苍翠、挺拔、整齐的景观效果；阔叶林如栎类、枫香、桦木、杨树林则表现浑圆、高耸、粗壮的林相；单纯林整齐、平缓、单一而壮观；混交林则参差有致，林冠线起伏，叶色不一，花期不同而色彩丰富。至于热带地区的典型林种如槟榔林、高大的椰子和健壮的棕榈林则给人一派摇曳的南国风光的感觉。

其次，从季相来看，季相是森林群落因季节更替而呈现不同色彩和物候的景象。四季分明的暖温带季相明显。我们说“繁花似锦、百花含芳（春景），浓荫蔽日、万木向荣（夏季），白萍红树、山瘦林薄（秋季），长松点雪、枯木号风（冬季）”等景象都是季相的描写。落叶阔叶林最能表现季相，春叶浅绿、夏日浓荫、秋色红叶、冬日寒林。常绿林四季翠绿但也有春花秋实、叶色鲜暗的差异。

第三，从林木时态来看，林木四时之景不同，其昼夜晨昏的景象也有变化。所谓“日出而林霏开，云归而岩穴瞑，晦明变化者山间之朝暮也”，合欢白昼枝叶舒展，夜晚则含羞闭合；清晨林鸟争鸣，日暮树林荫翳而幽静，表现出山林时态的景观。

第四，从林位来看，风景林景观与赏景点的相对位置是息息相关的。人们对风景林的欣赏有视野、视距的不同；对森林群落的感受有局部与全部的差异，有外貌与内部结构的区别。所以人们对森林景观的感受由于相对位置与视角的不同，产生不同的视角效果，近视显得林木雄伟，俯视则又令人有林海风波一望无际的感受。

第五，由林龄来看，森林不同生长发育阶段表现的外貌、疏密、高矮都不相同。一般来说林木有幼龄、中龄、近熟、成熟等几个阶段，其林相就有开朗与郁闭、浅露与深幽、低矮与高大等景观方面的差别。风景林的季相也受林龄的支配，并影响着林木的外貌、姿态和色彩。风景林的迷人景象和优越的小气候环境为人们游憩、保健疗养提供了一个最理想的大自然场所。

1.2.2 风景林的评价

对风景林资源质量的正确评价是风景林建设和开发的基础。通过对风景林的美学评价可从中了解不同风景林类型的现状并提出相应的经营对策，为风景林的开发利用、经营、决策与管理以及生态观光旅游规划等提供科学依据。

1.2.2.1 国内对风景林评价的研究现状

国内对风景林评价过去有定性和定量2种方法,但多数采用定性描述法。随着计算机的应用，对定量评价法的研究越来越多。定性描述法主要从自然景观、人文景观、森林景观、环境质量、旅游条件等方面,用文字描述的方法进行评价。自然景观评价主要是对山水的评价，有的分为佳景、美景、胜景、奇景和绝景5个等级，但在具体操作时尚无严格的标准（周国模等，1989；周青等，2001；张华海，2002）。国内最早对风景林进行美学研究及评价的是陆兆苏先生，他早在1963年就对南京市紫金山风景林进行了质量评价。以南京紫金山为研究对象，将紫金山风景林划分为水平郁闭型、垂直郁闭型、稀疏型、空旷型、园林型五大类，每类确定6个美学因子，并把每个因子都分成好、中、差三种状况并分别赋值。然后按照最后赋值分为保护巩固的对象、调整改善的对象、改造提高的对象三个级别。在多年实践及评价的基础上提出了风景林森林经营技术体系（陆兆苏等，1991）。赵德海对紫金山风景林评价时也采用了类似陆兆苏先生的方法，但在评价工作中包括了两种类型的评判者，一部分是没有受过风景林调查专业训练的大学生和进修生（代表普通群众），一部分是由专业人员组成的专家评价小组（俞孔坚，1988）。

俞孔坚（1988）基于美景度评判法和比较评判法两种方法的基础上，提出了平衡不完全区组比较评判法（SBE−LCJ法），并用此法研究了公众、专家、非专业学生和专业学生在风景审美方面的特点及相互关系，结果表明不同类型的人之间在自然风景的审美评判方面有普遍的一致性。俞孔坚提出“中国自然风景资源管理系统”，并于1989年在国家级丹霞风景名胜区总体规划中进行了较全面应用，并修正提出以美学质量、景观阈值、景观敏感度和景观特殊价值四类评价作为景观保护规划的基本依据（吴楚材，1991）。

在森林公园及森林旅游方面，吴楚材（1991）应用心理物理学方法结合层次分析法及数量化理论，建立了国家森林公园风景质量评价的数量化模型，并应用该模型对张家界国家森林公园的景区、景点进行了定量评价。但新球（1995）提出了由五大类17个因子组成的森林景观资源美学价值评价指标体系，这五大类是指新奇性（3个因子）、多样化程度（5个因子）、天然性与神秘性（4个因子）、科学价值与历史价值（3个因子）、和谐协调性（2个因子），每个因子区分为5级，每级赋予分值，然后按一定的权重计算各景观区的综合得分，根据综合得分进行景观等级划分。李春干等（1996）基于森林旅游资源的整体价值、区域条件及区位特性，运用层次分析法提出了森林公园、景区综合评估模型及景点美感质量评价模型。根据得分值对森林公园、景区及景点分别进行了等级划分。倪淑萍、施德法（1996）以实地调查为基础采用了定性定量相结合的方法对普陀山风景区森林景观进行评价。李春阳、周晓峰（1991）在帽儿山森林景观质量评价研究中采用了集调查分析法、民意测验法和直观评判法于一体的综合评价法，即定性描述和定量评价相结合的方法。利用现场评价资料，筛选出组成帽儿山景观的八大要素（地貌、植被、色彩、镶嵌度、奇特性、水体、飞禽走兽及邻近风景），建立了美景度与景观要素的多元线性回归模型。冯书成等（2000）在对森林旅游资源评价方法与标准的研究中也提出一种定性定量相结合的评价方法，即旅游资源总体满分为100分，评价要素由风景质量（满分70分）和开发条件（满分30分）两大部类、13个类目、20个项目所组成。

利用现代化的手段对景观进行评价是近几年的热点。郭衡等（1995）应用系统综合评价方法对泰山景观资源进行了等级评价分析，研究游人审美效应与景观资源本身价值差异。此外陈鑫峰、王雁、王晓俊（1999）等学者在森林景观评价方法上也做了不少有益的探讨。

1.2.2.1 国外对风景林评价的研究现状

国外对风景林审美研究基本上有两种主流，一种以专家意见作为判断基础，另一种则以非专家或基层民众的意见作为判断基础。专家方法应用的原则是专家或专业技术人员假定他的分析是客观的，其对美丑的解释判断可直接应用在景观资源规划上。专家方法的理论基础是实验心理学，其主张通过具有审美特性的“环境刺激物”来与观众产生感应，并以反应结果作为景观品质和景观偏好的度测（DanielTC，1976）。国内有些专家采用描述因子法（有的采用了依靠大众进行要素评价）开展了一些森林风景质量的评价研究，但诸如心理物理学等定量评价方法的研究很少。

国外对风景林的评价主要有四大学派，其一是专家学派（Expertparadigm）：在该学派中参与风景评价的是少数艺术与设计、生态、资源经营等领域的专家或受过专门培训的观察家来完成。其二是心理物理学派（Psychophysicalparadigm）：在此学派中把“风景—审美”的关系看作是“刺激—反应”的关系，主张以群体的普遍审美趣味作为衡量风景质量的标准，研究者通过心理物理学方法制定一个反映“风景—美景度”关系的量表，然后将这一量表同风景要素之间建立定量化的关系模型——风景质量估测模型。心理物理学派最有名的是Daniel（1976）等所创的SBE法，有关SBE详细情况将在下文描述。心理物理学方法在小范围森林风景（如一个林分）的评价研究中应用较广。其三是认知学派（Cognitiveparadigm）：认知学派没有像专家学派和心理物理学派那么令人瞩目。认知学派把风景含义建立在人的感觉和知觉上，景观一般用神秘性、可识性、庇护性、危险性等术语来描述，或者从人对景观的感觉如安全、热烈、压抑或恐慌来描述。其四是经验学派（Experientialparadigm）：经验学派同认知学派相比更加主观化。它把景观的价值建立在人同景观相互影响的经验之中，而人的经验同景观价值也是随着两者的相互影响而不断地发生变化。它不像认知学派那样让观测者对景观给出一般感觉描述，经验学派的观测者在与景观相互作用的过程中，对景观详细描述并试图说明各种环境因子的作用和意义。

1.3 风景林的建设与抚育更新

风景林建设总的原则是因地制宜、适地适树，充分有效利用森林资源和天然景观。在有名胜古迹的旅游区建设风景林要适地适树，选择珍贵观赏树种使其与名胜古迹相得益彰、协调一致，取得最佳景观效果，并进一步提升旅游价值（陆兆苏等，1994；陈海滨等，1997）。

1.3.1 风景林的建设

1.3.1.1 从风景林景观特色出发建设风景林景观

风景林景观特色可体现在许多方面，可以是风景林植被类型，如单层林、复层林、混交林、人工林或天然林等；也可以是风景树种，如毛竹林、马尾松林、木荷林、枫香林、柳杉林等；还可以是风景树木的性状，如针叶树林、阔叶树林、古树名木林、果树林、灌木林、蔓木林等。同样风景林的密度、色彩也可构成风景林景观的特色，如密林、疏林、彩叶树林、花果林等。总之要通过实际调查分析才能确定特色风景林景观的开发与建设，才能真正发挥出其独到的景观效应。如天目山的柳杉林、莫干山的毛竹林、黄山的黄山松林、杭州植物园的梅树林等，它们都是特色风景林景观开发建设成功的很好例证（贺庆棠，1999）。

1.3.1.2 从风景林与地形地貌关系出发建设

风景林景观需要优良的地形地貌作陪衬才能提升风景林的景观。相反地形地貌有了风景林的点缀和装扮也将会显得更加自然得体。“山得树而妍，树因山而茂”，风景林应当是风景的一个重要构成者和装扮者。如黄山上的奇松与怪石，浙江青山湖的湖水与水上森林都是地形地貌与风景林的完美结合。所以要因地制宜，因地形地貌制宜才能开发建设出优秀的风景林景观（王小德，1999）。

1.3.1.3 从风景林与相伴的生物资源关系出发建设

风景林不是一个孤立的林分，它与相伴的各种生物资源密切相连、互为作用、互为依赖。所以可以充分利用生物资源的多样性特点开发建设风景林景观。可以引种栽培野生植物、饲养驯化动物来丰富生物资源，以促进风景林景观可持续发展（王小德，1999）。

1.3.1.4 从风景林与现代旅游活动要求出发建设

现代旅游活动对风景林的景观有很多要求，其中积极参与性旅游活动就是其中的一项。在风景林景观建设中应充分考虑这一现代要求。结合风景林景观建设开辟丰富多彩的参与性旅游活动项目，如树木攀登、森林浴、登山、烧烤、疏林草地趣味运动等（王小德，1999）。

1.3.1.5 从风景林与历史文化关系出发建设风景林景观

风景林树木一般寿命较长，它常与历史文化有某种联系并进而成为历史的一个见证物。实际中可根据当地的历史文化、革命传统教育等，建设具有象征和纪念意义的风景林景观。如北京人民大会堂边的油松林，南京中山陵的雪松林，泰山孔庙的侧柏古林等，使风景林景观的风韵美得到了充分的发挥和体现。另外还可通过保护各个年代的风景林、风景树把它作为历史时钟的一个刻度，形成“历史风景林景观”（王小德，1999）。

1.3.2 风景林的抚育

适用于风景林的抚育采伐可以分为以下几类：卫生择伐、整形伐、透视伐、综合抚育伐（陆兆苏等，1994）。卫生择伐的对象是枯立木、病虫滋生的濒死木、风折木、倒木。但是对于那些径级较大、枝干有洞的枯立木应适当保留以供鸟类和其他野生动物栖息。整形伐的目的是在不改变风景类型的前提下提高其美学价值。间伐的对象是影响目的树种的次要树种、有碍森林风景和谐气氛的乔灌木以及生长过密的林木。对于大径级的乡土树种应尽量保留，并通过修枝达到整形目的。透视伐的目的是增加透视度来创造观察森林深处和眺望远景的条件。通过不同强度的透视伐把茂密的垂直郁闭型风景林改造成水平郁闭型风景林或稀疏型风景林（BensonR E，1981）。我国有些森林公园或风景区不注意为游客创造眺望或摄影取景的条件，适于眺望或摄影的景点往往被树冠遮挡，迫使游人跻身于狭窄的空隙中窥视远景。适于摄影的最佳取景地段往往被人为封闭垄断。这种现象严重地影响了游客的情趣，也是森林公园“煞风景”的地段。

综合抚育间伐适用于从未经过抚育的天然混交林。把林分内的树木划为优良木、有益木、有害木、后备木4种。间伐对象是有碍优良木和后备木生长的有害木。综合抚育时可以把卫生伐、整形伐、透视伐结合在一起。在进行透视伐和综合抚育伐时要采用定性和定量相结合的方法来确定采伐强度。陆兆苏等通过试点认为树冠系数法比较适用于风景林，计算公式为：$N/hm^2=10000/(K\cdot\overline{H})^2$或者$N/$亩$=666.67/(K\cdot\overline{H})^2$，在公式中：N为单位面积保留木株数；K为树冠系数，即树冠幅与树高之比；$\overline{H}$为林分平均高。$(K\cdot\overline{H})^2$实质上就是林分平均木的单株营养面积。在施工前要先设置标准地，分树种及其龄级测定K值，同一树种处于不同风景类型的林分内也有不同的K值。用公式计算而得的N值与林分现实株数相减即可得到采伐木株数（N）。计算所得之N值尚须具体落实到林分上，对采伐木进行标号，并针对林分实况对采伐木株数进行调整，一般可把N值作为间伐强度的上限控制数。

1.3.3 风景林的更新

为造就新一代林分，提高风景林的美学价值，需要对风景林进行更新改造。采伐对象是衰老的残次林分以及立地不宜的“小老树”。王希华等采用小面积孔状二次渐伐较为可行,不会对森林景观产生不良影响。据调查，在林中空地上生长着大量天然更新的幼树和幼苗，应该充分利用林木天然更新的能力。小面积孔状二次间伐的实施要点为：沿公路、河流和主要景点边缘设置保留带，宽度在20m左右。在保留带内不搞更新采伐；在保留带以外选择天然更新较好的林窗，并以此为中心实行强度择伐。对林窗天然幼苗加以抚育，并清除妨碍幼树生长的杂灌；进行人工补植或补播；待幼树生长稳定、幼林郁闭度达到0.5以上时即可实行二次采伐，伐除上层林木完成更新过程。

1.4 风景林的数字化建设及管理

风景林的数字化建设是数字林业建设中的一个重要方面，主要由六大要素组成即：信息数据、标准规范、软件平台、硬件与网络体系、技术人员、组织管理。其中信息数据获取是基本条件，合适的标准规范是信息数据和软件平台建设的基础。软件平台则是建设数字林业技术体系的最基础和最重要的任务。硬件和网络主要靠选购和安装，技术人员靠培养和引进，组织管理靠吸取经验和结合自身工作实践逐步摸索。

1.4.1 数字风景林的技术体系组成

1.4.1.1 3S技术

3S技术是遥感技术（Remote Sensing简称RS）、地理信息系统（Geography Information Systems 简称 GIS）和全球定位系统（Global Positioning Systems简称 GPS）的统称，是空间技术、传感器技术、卫星定位与导航技术和计算机技术、通讯技术相结合，多学科高度集成，对空间信息进行采集、处理、管理、分析、表达、传播和应用的现代信息技术。3S技术及其集成技术三者紧密结合构成一个对地观测、处理分析、制图系统，为森林资源的宏观动态研究提供了精确、快速、有力的分析手段（张贵等，2001）。

（1）遥感（RS）技术

“遥感”就是从高空探测地球表面及其环境的信息获取、处理与应用的技术。从广义来说，是根据物体对电磁波的反射和辐射特性，非接触的、远距离的探测技术（Xu G-H，1994；廖声熙等，1998）。狭义而言是一门新兴的科学技术，主要指从远距离、高空、以致外层空间的平台上，利用可见光、红外、微波等探测仪器，通过摄影或扫描、信息感应、传输和处理从而识别地面物质的性质和运动状态的现代化技术系统。主要由遥感平台、传感器以及遥感信息的接受和处理三部分组成。其在森林资源调查、森林资源经营管理、森林成图监测等领域都有广泛的应用（韦希勤等，1999；刘尚斌等，2000；冯仲科，1999；J.Courteau，1997）。

（2）全球定位系统（GPS）

全球定位系统（GPS）是20世纪70年代由美国国防部批准陆海空三军联合研制的新一代空间卫星导航定位系统。全球定位系统共由三部分构成：地面控制部分、空间部分、用户装置部分等。其要特点是全天候、全球覆盖、高精度、高效率及多功能。全球定位系统是建立在无线电定位系统、导航系统和定时系统基础上的空间导航系统，以距离为基本观测量，通过由多颗卫星进行伪距离测量来计算接受机的位置并获得必要的导航信息及观测量，再经数据处理即可完成测量、导航和定位工作。由于GPS的测距是在极短时间内完成的，故可实现全天测量。其在林业中的应用领域主要有：GPS全球大地测量、森林资源调查、森林经营与防火（王霓虹，2002；李芝喜等，2000；聂玉藻等，2002；周俊宏，2001）等。

（3）地理信息系统（GIS）

地理信息系统是20世纪60年代发展起来的地理学研究技术，是多种学科交叉的产物。地理信息系统是以地理位置信息构成的地理空间数据库为基础，采用地理模型分析方法，适时提供多种空间的和动态的地理信息，为地理研究和地理决策服务的计算机技术系统。通常的表现形式是将地图数字化并在计算机上实现各种地图的管理、分析、查询、制图、规划等工作。GIS的基本功能有数据的采集与编辑功能、数据库管理功能、制图功能、空间数据查询分析功能等（吴保国，1994）。

（4）3S技术集成

GIS、RS、GPS三种技术虽然各有其强大的功能和应用领域，但也存在各自的缺陷：GIS具有较强的空间查询、分析和综合处理能力，但获取数据较为困难；RS能高效地获取大面积的区域信息，但受光谱波段的限制其数据定位及分类精度差（Pelz,1992）；GPS能快速地给出目标的位置，对空间数据的定位有特殊意义，但它无法给出目标的属性数据，故在实际应用中常常是两个和三个系统有机集成的统一体，互相补充。RS是GIS重要的数据源和数据更新手段，而GIS则是RS数据分析评估的有力工具，GPS为RS提供地面或空中控制，它的结果又可直接成为GIS的数据源，在森林经营管理中通常由RS获取基本信息，由GPS进行定向定位和导航，由GIS进行分析处理并最终为决策者提供各种数据、图形和决策实施方案（刘桂英等，2000；陈军等，2003）。总之三者之间的相互作用形成了“一个大脑两只眼睛”的框架，即RS和GPS提供或更新区域信息及空间定位，GIS进行相应的空间分析。

1.4.1.2 基础数据库技术

在数字林业中（包括数字林场）

完善的基础数据库应具有图形库、图像库、属性库和社会经济等数据。图形库中包含了林相图、专题图（如土壤、地貌、植被、气候等）、立地图、分类经营图、施工图（如不同时期造林地、护林防火设施、防火了望塔等）、规划图（林场发展或即将施工的各种规划图件），图像库应包括各种航天、航空的遥感图像或数据、地面经营活动、实验活动像片以及多媒体；属性库数据包括森林资源、环境调查与监测的相应属性数据，各种经营活动、实验数据和社会经济、人文等方面的数据和文档。并且为了实现不同数据之间的相互转换和交互，必须制订统一的数据标准和交互操作的标准界面，将数据仓库技术应用于GIS中形成空间数据库。空间数据仓库，将数据的时空属性紧密的结合起来，通过构建面向分析的多维空间数据模型，利用多维方法从多个不同的角度进行比较分析，提取隐藏在数据中的信息，实现面向数据和面向模型的分析方法的统一（邵佩英，2000；洪伟等，1984；李金华，2001）。

1.4.1.3 计算机网络建设

网络是信息高速公路的一个重要组成部分，通过网络可以达到快速数据传输和广泛数据共享，因此网络是进行数据传输、数据交换和共享、数据更新、新闻发布的重要手段。由于数字林业存在的海量数据，故所需要的数据已不能通过单一的数据库来存储了，而需要成千上万不同的网络组织来管理，这就需要具有高速网络的服务器来承担。这些服务器要能支持基于网络的分布式计算机操作系统，解决空间数据及多媒体海量数据的等待和延迟问题。高速的远程通讯网络将允许从远程GIS数据库中调用海量数据进行地理分析和图形显示，真正实现分布式计算，在全球范围内可实现GIS数据共享。从网络的任意一个节点用户即可浏览WebGIS站点中的空间数据，也可进行各种检索和空间分析，使GIS平民化，让更多的人了解林业的发展现状并预测将来，使林业成为一个社会性的、很多人都可以参与的行业；同时也使林业的发展与经营接受公众的评价和监督。同时在网络建设中，从技术层面上分析应考虑网带宽度、运行速度、数据共享的范围、进入网络数据保密性的确定、网络安全等问题。

1.4.1.4 虚拟及模型技术

虚拟技术是在多期、大量数据分析的基础上，通过模型（相关分析、数据估测和趋势分析预测）计算获得许多相关数据，进而进行模拟仿真，通过三维图像的立体显示获取与现实近似的场景和效果，使人能直观、可视化地进入一种现实性强的境界去感知、分析其现状和发展趋势。虚拟现实技术是管理者与地理空间信息交流的主要渠道，该技术通过问题求解工具及各种通讯媒体，使人们时时参与、实时交互。目前来看主要通过Web试用HTML语言、虚拟现实造型语言VRML及Java来实现虚拟技术。

1.4.1.5 数字风景林的基本功能与应用

数字风景林的基本功能与应用可归纳为：①历史档案功能——对陆地森林甚至每一株单木建立历史档案，通过室内查询了解森林的发生演变和发展。②现实展示功能——以几乎近实时的状态将陆地森林的现状提供给研究者和分析者，其现状包括森林的面积、蓄积数量和质量状态。③前景预测功能——森林正在以什么状态变迁，到什么时间将发生什么样的森林事件（如采伐程度、林火蔓延、病虫害程度等）。④分析决策功能———通过预测、分析进而能告诉我们森林数量、质量的变化会对人类产生什么样的效果和后果，我们应以什么样的对策合理开发和保护森林，实现森林资源的可持续开发与应用。⑤精细风景林功能———我国风景林仍处在粗放型经营阶段，所谓精细风景林就是通过数字地球技术，配合遥感技术、GPS技术、GIS技术，实现立地、气候、气象、土壤、施肥、喷药灭火等设计与分析，制定详细计划，实现不重、不漏、恰到好处的喷药、施肥、灭火控制，减少由于药、肥、火引起的环境污染，使药、肥残余物对林木、土地、大气和水体的污染最小，实现精细风景林经营（Daniel ，1983 ；Buhyoff，1982）。

1.4.2 数字林业及风景林的国内外研究现状

1.4.2.1 国内研究现状

“数字林业”是林业信息化发展的必然趋势，也是提高森林资源管理效率与发展林业经济的最为有效的手段之一。我国林业主管部门已经意识到建设“数字林业”的重要性，已经启动了我国的“数字林业”工程。2001年由国家林业局在此基础上提出了“数字林业”的概念。2003年2月数字林业标准与规范在北京通过专家论证，标志着我国的“数字林业”建设迈出了关键的一步。

我国林业信息化建设已有不少成果。20世纪50年代利用航空照片判读进行大面积森林资源调查。1980年原林业部在小型计算机上建立了全国森林资源数据库系统。80年代末至90年代，一方面注重单机单系统应用，建立了森林资源数据处理系统（DPS）、森林资源管理信息系统（MIS）、森林资源决策支持系统（DDS）、林木良种管理信息系统（方陆明等，1998）和主要经济树种在线查询系统等，并且把主要的社会经济指标也纳入系统研究的范围。另一方面逐步开始考虑综合运用并关注系统周围信息以及与相关系统的融合。3S技术特别是GIS技术在信息化建设中已发挥了较好的作用（李贵荣等，2003），希望把3S技术、网络技术、数字化技术和虚拟技术等全部或部分融合在一起，挖掘海量数据资源，实现数据共享，消除“信息孤岛”。

2003年由国家林业局确定的“十五”期间重大科研项目“数字林业”在北京通过专家论证，提出了《数字林业标准与规范（一）》，它是在仔细分析、研究有关林业标准基础上提出的，从全局角度给出了数字林业标准与规范的内涵、分类和界定，提出了林业主要公共数据、数据管理、部分专题数据等方面的标准与规范，以及相应的数据词典。这标志着我国的林业信息化建设迈出了关键的一步。

在具体的信息手段利用方面，通过航空摄像的方法对感染松材线虫病的松树进行准确定位。珠江防护林体系建设管理信息系统采用GPS技术进行地面调查，支持工程作业设计调查、工程检查和核查等方面的数据采集（包括图形数据矢量化），支持卫星遥感数据处理，为工程作业设计提供丰富的基础数据。四川用卫星遥感开展湿地资源现状调查，云南省林火管理地理信息系统实现了新的林火管理模式和管理方法使云南省林火管理水平上了一个新台阶。

GIS在风景区规划中也有广泛的应用例如：辅助风景区设计、古树管理、保护区资料数据库建立、城市绿地系统规划等。据报道，北京市已利用卫星定位技术对古树进行保护，准确掌握每棵古树的位置、生长情况，然后详细登记建档分别加以妥善保护。GPS技术已在森林固定样地调查、林图测绘中得到广泛应用（付跷，2002）。在林业规划设计中可以直接利用GPS测量的数据实现GIS、GPS技术的有机结合，从空间上实现林业工程中市、县、乡、村的造林小班地块的综合信息管理。

由国家林业局华东林业调查规划设计院等共同研制的“温州市数字林业指挥系统”，经过合作单位近两年的研究、运行和完善，于2001年11月5日通过了浙江省林业局主持的项目成果验收和鉴定。该系统测试结果表明，采用VieGIS为平台，以1：1万基础地理信息和林业专题信息建立的森林防火指挥系统和森林资源管理系统，满足地市级系统海量数据管理的需要，系统中的数据详实、准确，系统操作便捷、运行稳定可靠。

林业部门还陆续建立了涉及森林资源、森林生态与环境保护、野生动植物、荒漠化、生物遗传、林业生产经营、林业生态工程和山区综合开发等多方面的森林资源信息和林业工程信息数据库，以及人事、财务、物资、政策和法规等方面的数据库。“九五”期间又进行“森林资源信息共享技术研究与示范”项目。数字林业的研究与构建实际上是对林业信息化建设的进一步规范。

目前我国家建立了1：400万、1：100万、1：50万和1：25万规模国家级地理数据库，部分地区建立了1：10万规模地理数据库，重要区域的1：5万和1：1万规模的地理数据库也在加紧建设（洪军等，2002）。这些不同比例尺的数据库共同构成了我国地球空间的数据框架。

1.4.2.2 国外研究现状

长期以来对地球上事物的研究多处于一维和二维层面，而地球上80%以上的信息是与地理位置有关的，同时事物的本质是动态的、多维的和无限的（Buhyoff etc,1980）。1998年时任美国副总统的戈尔根据事物的这种本质提出了数字地球的概念（李增元，2003）。戈尔认为“数字地球是一种可以嵌入海量地理数据、多分辨率和三维地球的表示；可以在其上添加许多与我们所处的星球有关的数据，是对真实地球及其相关现象统一数字化的认识，是以因特网为基础、以空间数据为依托、以虚拟现实技术为特征，具有三维界面和多种分辨率浏览器的面向公众的开放系统”。早在1962年美国就首次用1号陆地资源卫星（Landsat−1）MSS传感器来采集地球数据，2003年利用7号陆地资源卫星（Landsat−7）ETM+来采集影像，首次对美国西部几个州的森林资源进行快速的调查，其方法简洁而快速。美国资源部和威斯康星州合作建立了以治理土壤侵蚀为主要目的、多用途专用的土地GIS。该系统通过收集耕地面积、湿地分布面积、季节性洪水覆盖面积、土壤类型、专题图件、卫星遥感数据等信息建立了潜在威斯康星地区的土壤侵蚀模型（赵鹏祥等，2002）。美国、加拿大等国家先后将机载彩红外摄影、多光谱扫描仪、航空录像、航空勾绘、陆地卫星MSS、TM、SPOT等数据应用于森林资源和重大病虫害的动态监测上。此外这些国家还十分重视遥感技术与GIS、GPS的综合研究，并取得了很大的进展。美国的航空录像系统中已将GPS、飞机姿态仪数据叠加到高分辨率的录像带上，正在实现航空录像的自动镶嵌处理。这些系统都是在GIS基础上利用大量的遥感和地面监测信息、计算机模型和专家知识进行的辅助管理决策。

1.4.3 风景林管理存在的问题及发展趋势

综上所述，风景林管理经历了一个逐渐由定性向定量、由人工管理向数字化管理转化的过程。在目前的风景林管理中仍然存在着许多问题，如没有形成一套系统而且行之有效的评价风景林美学的方法，风景林数字化管理落后等等。风景林建设作为林业发展过程中的一个重要内容，在经营管理中，如何实现定量化、数字化管理、将是其发展的主要趋势。

（1）经营管理技术数字化

随着计算机技术的发展，风景林的管理也逐步向定量化、数字化方向发展。如何实现对风景林管理的定量化、数字化，是今后风景林经营管理的趋势。

（2）经营管理机构规范化

随着人们对风景林质量需求的提高，国家将在满足人们物质需求的同时满足人们日益增长的精神需求，提高人们的生活质量，风景林统一的经营管理机构将担负起风景区风景林及各景点等的统一规划、统一管理的重任。

（3）经营管理理论标准化

目前风景林经营管理理论多元化，理论与实际的统一性差。通过对八达岭地区风景林的有关因子的研究及其他相关工作，形成一整套切实可行的八达岭地区风景林经营理论管理模式，实现风景林管理的标准化。

第二章

研究目的与内容

2.1 研究目的与意义

2.1.1 八达岭长城风景林经营管理存在的问题

2.1.1.1 风景林的经营管理不规范、不系统

八达岭地区的风景林在管理上不规范，没有相互统一的管理机构。八达岭长城本身由专门的政府机构进行管理，而周边风景林的管理机构却不健全，缺乏统一、系统的管理，容易造成两者在管理上的脱节，且现存的管理机构不健全，管理疏松。

2.1.1.2 经营管理技术落后

多年来，对于八达岭地区风景林的管理一直都是依靠纯粹的人力到实地进行调查，这在一定意义上保证了数据的准确性，但从整体上、宏观上来说，并不能统筹全局，看到的只是某一局部，不可能走遍所有的林分进行调查，容易出现以点盖面的局限，经营管理工作也仅仅限定在简单的抚育措施和保护措施上，经营管理技术落后。

2.1.1.3 关于本地区的风景林经营理论缺乏

通过以上对国内外风景林经营管理现状的研究，可以看出目前对风景林定性研究较多，而定量研究却少之又少。没有一整套切实可行的风景林评价指标体系及评价标准，没有形成一整套科学的、可行的风景林经营模式等，而对适合八达岭地区的风景林经营的模式则几乎没有，因此风景林经营理论的缺乏是目前仍然面临的难题。

2.1.2 研究意义

2.1.2.1 八达岭风景林区位优势突出

八达岭长城是举世闻名的名胜古迹，在某种意义上，八达岭长城文化是中国文化的缩影，八达岭长城林业是我国林业发展的一个窗口，长城周围景观质量的好坏直接影响到中外游人对我国林业发展的印象。因此，如何更好地建设和管理好八达岭地区的风景林，就显得非常重要。

2.1.2.2 提高八达岭风景林景观质量

本研究结合八达岭长城风景林资源建设，在保护长城文物的前提下，增加风景林的文化内涵，提高风景林的品质，分期逐步恢复这一地带历史上的植被，以期在不远的将来为游客提供多条在长城内外体验长城巍峨雄姿的游览点，使游人从多角度领略长城的雄伟壮观。形成林深叶茂的风景林与层峦叠嶂的八达岭、雄伟壮观的长城相互辉映的景观。不论是在林中仰望长城还是登高纵观长城，都会给游人提供一个全新的参观长城的视角。同时也进一步扩大了八达岭长城的游览空间，平衡旅游开发与环境保护的关系，使自然景观、文化氛围和历史教育实现完美结合，形成了一个充满人文色彩绿色风景林保护带，在一定程度上也能减轻游客攀登长城的压力和疲惫。

2.1.2.3 把八达岭风景林的管理纳入科学化、数字化

八达岭风景林一直以来都是按照林业的技术规程进行操作和管理，这种管理的目的是保证林分健康，提高森林覆盖率。风景林是按照森林分类经营的需要划分出来的一种生态公益林。从景观角度考虑，一般认为要满足具有较高美学价值和满足审美需求为目标这两条基本原则。同时，风景林属于生态公益林的范畴，其生态学价值的发挥也是不容忽视的，特别对于城郊周边的风景林建设，其在推进城市生态大环境建设，改善和提高城镇居住的生存空间和生活素质，保证社会、经济、环境协调可持续发展方面，具有深远的影响与现实意义。因此对于风景林的管理，不仅要求林分健康，更重要的是提高森林的景观质量。本研究对八达岭风景林管理进行数字化研究，从宏观和微观上对风景林的建设和管理进行研究，更加科学，更加细化地来管理和经营风景林，做到森林景观和健康相统一。

2.2 研究方法及内容

2.2.1 研究方法

2.2.1.1 资源的收集与整理

主要收集历年来八达岭长城风景林建设的相关图表数据、林分改造数据、林业二类清查原始图表数据。在GIS平台支持下进行数据整理。

2.2.1.2 风景林基础数据的采集

通过4种方法来进行：

1）现地风景林数字信息的采集：主要通过PDA（Personal Digital Assistant）结合手持GPS来实现。

2）八达岭历史资料及基本地形、地貌等图形的数字化采集：主要采用建库及图形扫描矢量化来完成。

3）在航片或高分辨率卫星影像上采集风景林资源数据：主要利用北京2004年8月大比例尺航空彩色像片及最新卫星数据，采用遥感数字图像处理技术，分析提取风景林资源信息。

4）利用GIS的空间分析功能，结合

DEM数据，获取空间视域、距离、位置数据。

2.2.1.3 数据处理及分析方法

数据处理全部纳入GIS系统进行，利用GIS的空间分析功能，如：叠加分析、领域分析、三维分析等进行。

2.2.1.4 评价及经营改造方法

评价采用定性与定量相结合的方法，经营改造主要依据分析结果，结合具体生产实践进行。

2.2.2 研究内容

2.2.2.1 八达岭长城风景林现状研究

通过现地调查，结合历史资料的收集、整理分析，以GIS为基础平台，利用2004年8月的大比例尺航空像片及DEM，得到八达岭长城风景林地类分布、起源、植被类型、优势树种、树种组成结构、郁闭度、年龄结构、自然度、优势树种、坡向、坡度、坡位、土壤、土壤厚度、土壤质地、土壤母质、腐殖质厚分布图；通过季相调查，获得八达岭重要观赏植物的季相图谱；通过生态因子调查，获得八达岭长城风景林主要植物群落稳定性分析图。

2.2.2.2 八达岭长城风景林数字化信息的管理及分析研究

1）以ARCGIS为数据管理平台，建立八达岭长城风景林的图形数据库、影像数据库和属性数据库，从而实现八达岭长城风景林数字化资源的编辑、查询、联合检索、更新及分析功能。

2）以八达岭长城风景林的起源图、植被类型分布图、优势树种分布图、树种组成结构分布图、郁闭度分布图、年龄结构分布图、自然度分布图、优势树种分布图、坡向图、坡度图、坡位图、土壤分布图、土壤厚度分布图、土壤质地分布图、土壤母质分布图、腐殖质厚分布图等基础材料为依托，利用ARCGIS的空间分析功能，进行视域分析、叠置分析、等值线分析、网络分析、空间测量分析、空间变换分析等，将景观因子、长城的文化氛围、立地条件、现存资源状态、群落稳定特征等综合起来，分析每一块景斑的空间特征。

2.2.2.3 八达岭长城风景林数字化质量评价及风景林经营模式研究

1）八达岭长城风景林的评价既要考虑“美”的特征，同时应该兼顾自身“生态效益”的发挥，因此不能简单地用一个审美态度测定值来表示，在研究中结合栽植密度、立地条件、林分结构、色彩配置、叶面积指数等综合考虑。

2）结合审美与生态效益，利用风景林数字化分析结果，对风景林现状质量进行定量评定，提出一套客观、合理、实用、高效的风景林质量评价方法及标准。

3）根据景斑的评价结果，对不同类型的、等级的景斑，提出合理的建设模式和具体的改造措施。

4）八达岭长城风景林数字化管理的实现。

第三章

八达岭长城风景林基本情况

3.1 自然地理条件

3.1.1 地理位置

八达岭地区风景林位于北京市延庆县境内，距市区60km，是首都西北交通要道八达岭高速、京张公路和京包铁路的必经之地。整个风景林区处于山区，东北部毗邻延庆县，南接昌平县，西部与河北省怀来县接壤，区位优势明显。

3.1.2 地质地貌

八达岭地区风景林位于燕山山脉和太行山山脉汇合处，属中山地形区，系白垩纪燕山造山运动时隆起的山岭。西高东低，沟谷纵横，平均海拔780m，最高海拔1238m，最低海拔450m，相对高差788m。

东部地区主要为震旦纪斑状花岗岩形成的山岭，并有少量细晶花岗岩，石英及辉长细晶岩的裸岩出现，多呈浑圆状，相对高差200m左右，坡向多为阴和半阴坡，坡度多在30～35°，坡长一般为100～150m。

西部地区和石峡作业区，主要为震旦纪矽质石灰岩及地质时期不明的大理岩和熔岩组成的山岭，并有少量的花岗岩及正长细晶岩，山势陡峭，坡度多在45°左右。山脉多为东西走向，坡向多为阴坡和阳坡。

3.1.3 气候

八达岭地区为华北的黄土高原副区，属大陆季风气候，具有半湿润半干旱的暖温带的气候特点，春季干旱多风沙，夏季炎热多雨，秋季天高气爽，冬季寒冷干燥，年平均气温10.8℃，最高月（7月份）平均气温26.9℃，最低月（1月份）平均气温－7.2℃，无霜期仅在160天左右，早霜期出现在10月初，晚霜期结束于次年3月底。春季气温回升较快，3月份到4月份气温相差8℃。年均降水量为454mm，多集中在7、8月，约占年降水量的59%，且多暴雨。全年总蒸发量1585.9mm，是降水量的3倍，以春季蒸发量为最高，几乎为降水量的10～15倍。年平均相对湿度为56.2%。西部地区受西北旱风影响较大，而东部地区由于有中部高山作屏障，受西北旱风影响较小，同时受东南湿润空气的浸润，故干旱程度低于西部地区。

3.1.4 水文

在研究地区范围内有两条较大的河道，西部是帮水峪，流经石峡作业区，东部是关沟河，流经场部作业区和三堡作业区，河道全长25km，干涸河床宽处可达100m左右，已断流，雨季时有流水，流量少。在青龙桥公路旁及长城处有水源4处。八达岭地区地下水位较底，气候干旱，降水少，水资源比较缺乏，山沟多呈干涸现象，但雨季水资源比较丰富。

3.1.5 土壤

八达岭风景区的土壤为震旦纪花岗岩、石灰岩等母质上发育的山地褐色土，主要有典型褐土、碳酸盐褐土及淋溶褐土。典型褐土的垂直分布和水平分布的面积最广，土层厚60cm左右，腐殖质层厚20cm左右，各海拔高度、各坡向均有分布；碳酸盐褐土，分布在平原、山地及一些干旱阳坡上，面积相对较小，土层厚度40cm左右，腐殖质层厚度20cm左右；淋溶褐土一般分布在海拔900m以上的阴坡及半阴坡，植被茂密，其分布最小，土层厚100cm左右，腐殖质层厚度30cm，3种土壤的化学分析如表3.1。

表3.1　三种土壤的化学性质分析

Tab 3.1 The analysis of the chemical property of three kinds of soil

名称	采样深度（cm）	pH	腐殖质（%）	易水解性氮（%）	速效P（mg/100gt）	速效K（mg/100gt）	代换盐基总量（mg/100gt）	CO_2%
淋溶褐土	5～15	7.5	3.62	0.055	0.58	13.25	4.99	0.5483
典型褐土	0～10	7.7	3.17	0.060	0.40	40.85	9.91	0.81
碳酸盐褐土	6～16	7.9	2.78	0.052	1.53	46.14	22.2	1.147

分析结果表明，本区除磷元素含量较低外，土壤中腐殖质、易水解性氮及钾的含量都比较丰富。但在山地条件下，由于各环境因子及人为活动的影响，土层厚度往往分布不均，在阳坡和半阳坡，人为影响较剧烈，植被遭到破坏，有微度侵蚀的山坡上，土层极薄；在阳坡半阳坡，植被覆盖较差的地方，多为较薄层及中层厚度的土，而阴坡及半阴坡，植被覆盖较好的地方多为中层及厚层土，山坡的上部，土层较薄，下部则土层较厚，由于地质沉积物的覆盖，在个别阳坡及半阳坡上仍有厚土层出现。

在本区影响宜林性质的主要因素是土层厚度及水分条件，因此宜林程度可用土层厚度加以区分，土层厚度（>50cm）宜林程度好，土层厚度（25～50cm）为宜林程度中等，土层厚度<25cm，宜林程度较差。

3.1.6 植物资源

据资料记载，本区古代原有茂密的森林，但由于修筑长城，历代多次用兵，森林破坏殆尽，使原有森林环境逐渐转向干旱草原发展。本区原以阔叶林为主，由于人为破坏，留下的天然植被主要为灌木群落和荒草坡，后经多年的经营管理，天然次生林得到了良好的生长。风景区内整个区域的暴马丁香片林和散生林的面积约为66hm^2，其中成片最大面积有20hm^2；天然山杏林面积为56.2hm^2；其他天然林树种主要有：蒙古栎、辽东栎、鹅耳枥、大叶椴、小叶椴、槲树、白桦、棘皮桦、坚桦、黄檗、大果榆、刺榆、大叶白蜡、小叶白蜡、臭椿、元宝枫、五角枫（色木）、青杨、山杨、胡桃楸、桑树、蒙桑和栾树等。风景区内生长的珍稀濒危植物有：杜仲、胡桃楸、野大豆、黄檗。在阳坡常见灌木有绣线菊、大花溲疏、蚂蚱腿子、胡枝子、锦鸡儿等。风景区内的植物丰富多样，据植物调查统计，八达岭风景区共有维管束植物93科303属539种。其中天然植物85科279属489种。八达岭林区植物区系以温带分布区类型为主，其中北温带类型占绝对优势，与热带分布区类型及东亚分布区类型联系较为密切，与地中海、西亚分布区类型联系则较弱。20世纪50年代建场以来，逐年营造的人工林，现已大部郁闭成林，树种主要有油松、落叶松、侧柏、华山松、云杉、刺槐、元宝枫、杨树、山杏、黄栌等，初步改变了本辖区的植被结构，现有森林覆盖率已达46.7%。

3.2 社会经济条件

在八达岭风景林区内拥有长城古迹、长城全周影院、秦始皇行宫、成吉思汗行宫、熊乐园和八达岭野生动物园等旅游热点。公路往北，可达龙庆峡旅游区，西通康西草原，交通十分方便。八达岭特区就在雄伟的八达岭长城脚下，八达岭镇的三堡和石佛寺两个自然村位于八达岭长城南端，紧靠西北部边界的是八达岭镇的岔道村，八达岭特区和上述3个村以及八达岭林场在营林生产、经济、人员交往等关系比较密切，彼此在各个方面的发展和建设都息息相关。

3.3 风景林现状

3.3.1 八达岭长城风景林地类面积情况

八达岭长城风景林地类面积情况如表3.2所示。在所研究的八达岭长城地区周围2227.8hm^{2}的风景林中，有林地1314.2hm^2，占总面积的59%，灌木林地809hm^2，占总面积的36.3%，未成林造林地76.8hm^2，辅助生产林地27.8hm^2。这说明，在八达岭长城地区，大部分为有林地，是景观的主要部分。但是，更重要的是灌木林地也占了相当大的比例。长城大都处于山脊，山势陡峭，许多地方造林非常困难，灌木理所当然就成了这些地区的主要植被，它们对长城周围的水土流失、资源保护、旅游景观等效益的发挥起着非常重要的作用。

表3.2 八达岭长城风景林地类面积情况（hm^2）

Tab 3.2 The land type area of the Scenic forest in The Badaling Great Wall

有林地	灌木林地	未成林造林地	辅助生产林地	合计
1314.2	809	76.8	27.8	2227.8

3.3.2 八达岭长城风景林有林地结构情况

八达岭长城风景林有林地结构情况如表3.3所示。在整个乔木林中，混交林林地面积最大，有638.8hm^2，占有林地面积的48.6%，主要为油松、侧柏混交，侧柏、黄栌混交，侧柏、元宝枫混交林，它的蓄积量达到了18000m^3。其次为针叶林，面积为457.4hm^2，占有林地面积的34.8%，主要树种为油松、侧柏。阔叶林面积为218hm^2，占16.6%，主要树种为杨树、刺槐、黄栌、元宝枫等。八达岭长城风景林的总蓄积量达到了36000m^3。混交林的生态系统比较稳定，是造林的目标，就生态效益上，八达岭长城风景林的生态系统比较稳定，生态效益好。在景观质量上，混交林的美景度优于纯林，因此要逐步将纯林改造成为混交林。

表3.3 八达岭长城风景林有林地结构情况

Tab 3.3 The forest land structure of the Scenic forest in The Badaling Great Wall

	针叶林	阔叶林	混交林	合计
面积／ hm^2	457.4	218	638.8	1314.2
蓄积／ m^3	11100.2	7415.8	18246.3	36762.3

3.3.3 八达岭长城风景林树种结构面积情况

八达岭长城风景林树种结构面积情况见表3.4所示。针叶优势树种油松的面积最大，为797.3hm^2，占有林地面积的60.7%，是整个风景林分中的最主要的树种。优势侧柏面积176.5hm^2，占有林地总面积的13.4%，从90年代末开始，八达岭长城地区爆破造林的主要针叶树种为侧柏，侧柏耐寒性较强且经济上可行，因此在将来侧柏的面积将会呈现一个上升的趋势。以针叶树种为优势树种的还有华北落叶松，它紧邻残长城，面积不大，只有19.6hm^2，于20世纪70年代所栽植的与油松的混交林，混交比例为7：3，以落叶松特有的优美景观一直感动着长城。另外还有以杨树、刺槐、桦树为优势树种的林分，但面积都不大。值得引起重视的是面积不小的杂阔林，达到251.8hm^2，占有林地面积的20%。这些杂阔林都是天然次生林，树种种类主要有暴马丁香、椴树、白蜡、榆树、小叶朴等，在山势陡峭的阳坡主要是灌木林，而在阴坡则是这些杂阔林，别有一番景致。而杨树、刺槐林则长势差，枯立木多，美景度非常低，应立即进行改造。

表3.4 八达岭长城风景林树种结构面积情况（hm^2）

Tab 3.4 The area of species structure of the Scenic forest in The Badaling Great Wall

油松	侧柏	落叶松	杨树	刺槐	桦树	杂阔林	其他	面积小计
797.3	176.5	19.6	23.5	17.4	13.9	251.8	14.2	1314.2

3.3.4 八达岭长城风景林资源年龄结构情况

八达岭长城风景林资源年龄结构情况如表3.5所示。可以看出，八达岭长城风景林资源的年龄结构相对比较优化。分量最重为中龄林，面积为790hm^2，占有林地面积的60.1%。其次为近成熟林，面积为361hm^2，占有林地面积的27.5%。最后为幼龄林，面积为163.2hm^2，占有林地面积的12.4%。过熟林比例很小，几乎没有。近几年一直在长城周围大面积造林，幼龄林的面积每年都在增加。近成熟林面积相对也较大，并且很快将成为过熟林，因此通过各种措施进行森林资源年龄结构的优化将是下一步面对的重要问题之一。森林资源年龄结构的优化是丰富森林景观的基础，有利于提高森林的观赏游憩功能，但同时也要求更全面更完善的经营管理，才能体现其价值。

表3.5 八达岭长城风景林资源年龄结构情况

Tab 3.5 The age structure distribution of the Scenic forest in The Badaling Great Wall

年度	幼龄林		中龄林		近成熟林		过熟林		面积小计/ hm^2
	面积/ hm^2	蓄积/ m^3	面积/ hm^2	蓄积/ m^3	面积/ hm^2	蓄积/ m^3	面积/ hm^2	蓄积/ m^3	
2004	163.2	460.4	79	26002.7	337.5	10299.2	23.5	50.8	1314.2

3.3.5 八达岭长城风景林郁闭度分布情况

八达岭长城风景林郁闭度分布情况如表3.6所示。郁闭度是指林木树冠覆盖林地的程度，以树冠垂直投影面积与林地面积之比来表示。郁闭度在0.65～0.74范围的小班数量最多，为42个，0.45～0.54范围小班有33个，0.55～0.64范围内的有29个。郁闭度直接影响光照、温度和林地的营养状况。郁闭度小的林分，林内的光照较充足，温度较高，土壤微生物活动旺盛，林地的枯落物中矿物质养分释放多，树体营养条件好，一般认为郁闭度在0.6左右为最佳。郁闭度大小与景观质量好坏是由植物体的营养生长为基础的。郁闭度大小合适，林分卫生条件好，病虫害少，树体的生长状况佳，树形优美，从而景观质量较高，太大太小都将影响林分的景观质量。从表中可以看出，八达岭长城地区的林分部分郁闭度稍偏高，部分又稍偏低，经过适度的抚育间伐及补植造林等一系列的措施将能够很好地调整林分的郁闭度。

表3.6　八达岭长城风景林郁闭度分布情况

Tab 3.6 The distribution of the forest canopy closure of the Scenic forest in The Badaling Great Wall

郁闭度	0.3~0.4	0.4~0.5	0.5~0.6	0.6~0.7	0.7以上	合计
小班数	18	33	35	40	4	130

3.3.6 八达岭长城风景林植被盖度情况

八达岭长城风景林植被盖度情况如表3.7所示。植被盖度是指植被覆盖林地的程度，以小班内灌木、草本植被垂直投影面积与小班面积之比表示。酸枣荆条灌丛面积为404.2hm²，占灌木林总面积的49.9%，其次依次是山杏荆条灌丛、绣线菊灌丛、杂灌丛、荆条灌丛，分别占灌木林面积的百分比为22.7%、12.7%、8.5%、6.2%。在调查过程中植被覆盖度分为密、中、疏三个等级。在许多山势陡峭地区的阴坡，大多生长着不同类型的灌木植被，这些灌木的植被覆盖度都为密，即覆盖度≥70%。这说明在八达岭长城地区的风景林中植被盖度较高，裸露山地、裸岩少，虽然灌木林在春夏秋三季的景观质量上相对较好，但在冬季的景观质量却相对较差，因为冬季灌木及落叶树种叶片脱落，同时裸岩也暴露无遗，导致风景林景观质量下降。

表3.7　八达岭长城风景林植被盖度结构情况

Tab 3.7 The distribution of the vegetation coverage of the Scenic forest in The Badaling Great Wall

植被类型	酸枣荆条灌丛	山杏荆条灌丛	绣线菊灌丛	杂灌丛	荆条灌丛	合计
面积/ hm²	404.2	183.5	102.9	68.6	49.8	809

3.3.7 季相特点

每年春夏是八达岭风景区最美的季节。山峦堆绿耸翠，林间野花怒放，是揽绿看花的最佳时期。在艳阳春天，山桃、山杏、山梨、刺槐、丁香依次盛开，浓香四溢，蜂蝶飞舞，景色高雅素洁，热闹活泼。

秋季是风景区森林色彩最为丰富的季节。特别耀眼的是黄栌，满山片片红叶，使人心醉。满目秋色中，最靓丽的是元宝枫，金黄的叶片衬托得整个秋天更富有诗意。这红、黄的基调，又随着节令的变化和生长过程，演化出嫩红、粉红、淡黄、橙黄等灿烂缤纷的秋色世界。但是，黄栌及元宝枫的面积不大，在八达岭长城两侧观看，只有零星分布，风景的整体效果差。

冬天是风景区景观最纯情更深沉的季节。缤纷的森林变成灰色调为主的浅色世界。灌木、阔叶树此刻好似玉玲珑，油松与华山松林则像灰色世界中镶嵌的碧玉。株株树枝上挂满了大小不一、色泽各异的雪淞、冰挂，晶亮莹白；自然天成的冰雪艺术杰作，震撼心灵，美乐无穷。

3.4 八达岭长城风景林资源现状分析与评价

3.4.1 八达岭长城风景林资源现状分析

1）八达岭长城风景林针叶纯林比重较大，生态系统稳定性差，森林景观和色彩单一。以上统计资料显示，在数字上混交林面积大于针叶林，实际中，在各混交林里针叶树种平均占70%以上，大部分为针叶树种。目前这些纯林林分，生长相对稳定，没有发生大面积的病虫害及其他灾害，能够产生一定的景观效益。但从长远来看，纯林将导致森林系统的不稳定，造成林分生长不良，病虫害繁衍，最终将导致森林景观质量的下降。

2）杨树、刺槐等人工林已成为残次林，严重影响了森林景观质量。由于八达岭地区近年来气候较为干旱，水分条件不足，导致了大片刺槐过熟林，大部分刺槐已经枯死，与周围的森林景观极不协调，大大影响了整个地区的森林景观和游憩效益。

3）森林粗放管理导致林木生长衰弱。由于历史的原因，造、养、护有所脱节，中龄林植株密度高达2500株/hm^2，部分幼龄林植株密度高达3600株/hm^2。森林的生长较差，树木长势衰弱，枯死木、被压木逐年增加，郁闭度过高，枯死枝过多，严重影响了整个林木的正常生长，也延长了成林时间，使得林分的水源涵养效益降低，而且容易导致大面积森林病虫害的发生和蔓延，增加火灾隐患，降低了景观质量。

4）八达岭长城周围彩叶树种面积小，色彩景观力度不够。在八达岭长城两侧有黄栌、火炬树、元宝枫等彩叶树种存在，其分布稀疏，成片成林面积小。通过成片补植造林彩叶树种，在秋季提高了森林的色彩浓度，从而更大程度地提高美景度。

5）宜林灌木林地达400hm^2，急需进行风景林的营造。这些地方存在着光照强烈，坡度较大，土层薄，土壤含沙量多等特点，以及北方地区本身空气干燥，近年风沙危害严重等因素的影响，地表主要覆盖为灌木，形成了裸露的岩石、沙地与灌木错杂纷呈的面貌，造成目前八达岭长城周围森林景观质量不高，部分地区水土流失较为严重的现状。

3.4.2 八达岭长城风景林现状评价

对八达岭长城地区的风景林进行质量评价，可以从中了解八达岭长城地区的森林风景类型的现状，并提出相应的经营对策；另一方面，定期地进行质量评价，可以了解此地区风景林景观质量的动态变化，对过去的风景林经营效果做出评价，并制定正确的经营决策和有效的经营措施。国内风景林的微观的、定量的美学评价的研究较少。在森林经理工作中，缺乏风景林特有的林分调查因子。为此，在长城作为世界遗产的背景下，有必要摸索出一套针对长城两侧风景林质量评价的方法，为长城两侧风景林的经营决策和整治措施的设计提供依据。

3.4.2.1 评价指标体系中评价因子的确定

风景林质量评价有许多可参考的因子，根据生态学、景观规划学、森林培育学等的原理以及我场的实际情况进行质量评价指标的选定。

从建场后，林场每隔5年进行一次风景林景斑的森林资源二类调查，取得了大量的数据资料，2004年的调查是在采用高新技术如3S技术、航片技术、坐标定位等等，取得的数据相对以前的调查更准确。研究中在长期实践的基础上，结合历年总结的国内外游客对长城以及周边森林的整体评价状况，根据八达岭长城地区的地形地貌、自然条件，同时通过各学科的理论原理，针对八达岭长城古迹的重要程度以及国内外风景游憩林内景观评价的研究，本次研究提出了优势树种、林型、立地条件、郁闭度、植被盖度、彩叶树种作为此次八达岭长城风景林质量评价研究的评价因子。

3.4.2.2 八达岭长城风景林评价及经营模式基础分析

（1）美景度现状评价

根据风景林的林貌特征和林分结构可以将风景林划分为以下5种森林风景类型，即水平郁闭型、垂直郁闭型、稀疏型、空旷型和园林型，八达岭风景区美学评价结果见表3.8。

表3.8 八达岭长城风景林风景美学评价结果

Tab 3.8 The aesthetics evaluation of the view of the Scenic forest in The Badaling Great Wall

风景林类型	水平郁闭型	垂直郁闭型	稀疏型	空旷型	园林型	合计
景斑数量	73	21	3	3	30	130
比例/%	56	16	2	2	24	100

由表3.8可以看出八达岭地区风景林类型的分布情况。在130个有林地景斑中，水平郁闭型风景林较多，景斑数量73个，占56%。园林型次之，景斑数量30个，占24%。垂直郁闭型景斑数量21个，占16%。稀疏型、空旷型风景林类型景斑很少，分别只占2%。整个风景林的类型结构不够合理，多得多，少得少，缺乏多样性和变化性。一般垂直郁闭型风景林观赏价值较高，在八达岭长城地区的风景林中，水平郁闭型风景林占了一半以上，根据八达岭长城地区的实际情况，需要通过造林、改造等措施，增加垂直郁闭型和园林型的风景林类型，增强透视度、色彩对照强度，改善林内卫生状况、道路状况、眺望条件等，多方位满足游人对风景林景观的需求，提高八达岭长城风景林的美景度。形成具有多树种、多层次、多色彩和多功能的落叶阔叶林、针阔混交林和针叶林的镶嵌体森林景观，突出色彩和层次的对比。

（2）八达岭风景林各林地类型基本特征统计分析

统计分析结果见表3.9。

表3.9　八达岭风景林各林地类型基本特征统计

Tab 3.9 The statistics of the fundamental characters of the different forest types in the Badaling Scenic forest

林地类型	总面积 hm^2	平均面积 hm^2	海拔 m	坡度	平均年龄a	平均高 m	平均胸（地）径cm	郁闭（盖）度
阔叶林	218	9	782	19	33	8.3	10.7	0.6
混交林	639	13	707	23	30	6.1	10.0	0.6
针叶林	457	10	681	22	31	5.7	9.8	0.6
有林地	1314	10.6	723	21	31	6.7	10.2	0.6
灌木林地	1193	10	782	26		1.8	1.6	80%

由表3.9可知，八达岭地区风景林的阔叶林分布海拔最高，针叶林分布海拔最低，混交林分布海拔居中。灌木林分布海拔同阔叶林，但分布坡度大于有林地，平均高1.8m，平均盖度为80%，可见灌木林生长良好。有林地平均年龄31年，处于中幼龄林阶段，平均高6.7m，平均胸径10.2cm，平均郁闭度0.6。阔叶林胸径和树高均超过20cm和20m的杨树小班有5个，近30hm^2。综合看来，该风景区的立地条件适合于现有的阔叶树和针叶树生长。

（3）八达岭风景林林地类型分布特征统计分析

分析结果见表3.10。八达岭风景林的针叶林、阔叶林、混交林和灌木林4种主要林地均属聚集型分布格局，从而造成景斑相间分布，风景林季相色度变化明显、多样，使游客站在八达岭长城上登高远眺能够移步换景、格局多样尽收眼底、心旷神怡。所以，该林场在今后的经营中应促进聚集分布格局形成，这也是风景林经营模式之一。

此外，就全风景区范围内，植被类型多样性（香浓指数）达1.89，达到最大多样性的95%，属优秀级，平均每平方千米内植被类型多样性达1.45，达到最大多样性的73%，属良好级。景斑块相间分布较均匀。

表3.10　八达岭风景林林地类型分布特征统计

Tab 3.10 The statistics of the distribution characters of the different forest types in the Badaling Scenic forest

林地类型	针叶林	阔叶林	针阔混交林	灌木林
分布概率Pi（平均每km^2）	0.26	0.10	0.34	0.30
聚集系数λ（均方比）	18.9	13.7	14.8	16.7
分布格局	聚集分布	聚集分布	聚集分布	聚集分布
实际多样性H		1.89（全林场）	1.45（平均每km^2）	
最大多样性H max			2	
均匀度E		0.95（全林场）	0.73（平均每km^2）	
不均匀性R		0.05（全林场）	0.27（平均每km^2）	

(4) 天然阔叶林林分郁闭度与地被发育的关系统计分析

统计分析结果见表3.11。

表3.11 天然阔叶林“中阴中松”立地下林分郁闭度与地被的关系统计

Tab 3.11 The relationship between the forest canopy closure and the vegetation of the natural broad-leaved forest on the mid-mountain and shady slope and mid-depth soil and porous parent material

郁闭度	0.4	0.5	0.6	0.7	0.8
灌木盖度%	72	70	63	62	48
灌木平均高cm	117	130	162	96	200
草本盖度%	30	33	30	37	55
草本平均高cm	22	22	22	16	23
凋落物层厚度cm	2.3	3	2.6	2.3	4
样本数	4	5	5	4	4

注：中阴中松指中山，阴坡，土壤厚度中，母质松。

由表3.11可以看出，在天然阔叶林“中阴中松”立地条件下，林分郁闭度对林下灌木盖度影响显著（图3.11），随郁

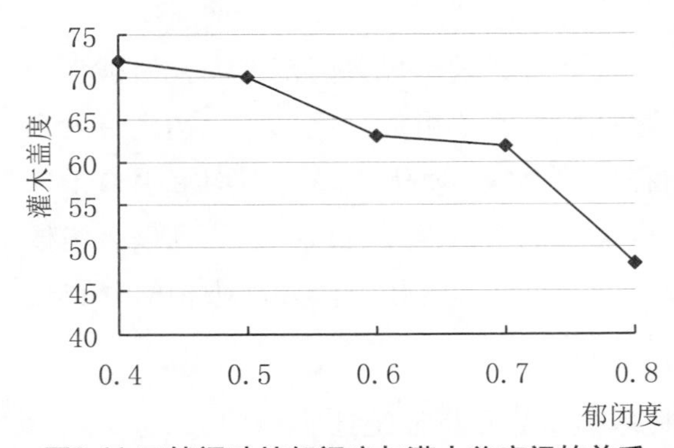

图3.11 天然阔叶林郁闭度与灌木盖度间的关系

Fig 3.11 The relationship between the forest canopy closure of the natural broad-leaved forest and the shrub coverage

闭度的增加，灌木盖度减少，草本盖度有增加趋势，在林分郁闭度在0.4～0.8间，灌木盖度与草本盖度之和有趋于100%的现象，即灌木盖度与草本盖度有反向影响现象，呈负相关关系。而对其他地被因子影响无规律性，这可能是受其他因子的共同影响。为此，要保持林下较好的花灌木生长，就要保持好上层林木的郁闭度，根据图3.11的关系分析，在八达岭林场，可控制林分郁闭度在0.6～0.7之间，如果郁闭度过小，则灌木滋生，其盖度增大，不利于游客林下穿行游览，同时灌木盖度大使草本盖度减小，从而降低了林内植物多样性，亦即降低了林内美学功能。所以，在现有林经营模式中，要充分注意通过抚育间伐方式控制林分郁闭度，这也是风景林集约经营与生态公益林加强保护的区别和辩证。

(5) 八达岭风景林林地重要性统计分析

重要性分析见表3.12，在八达岭林场，全部林地属于生态非常重要和极端重要的林地、重点保护的林地面积比例为21%，非常脆弱的林地比例占21%。所以，该林场的森林资源从生态重要性、重点保护性和生态脆弱性三方面都表现出极

端的特殊性，作为风景林经营必须具有集约性和先进性，这就要求要有先进的管理手段和配套的经营模式，以满足其森林性质的多重要求。

表3.12　八达岭风景林林地性质统计

Tab 3.12 The property statistics of forest land in the Badaling Scenic forest

性质	等级	面积hm²	面积比例（%）
生态重要性	比较重要	11	0
	非常重要	2802.7	98
	极端重要	42.6	2
保护等级性	一般保护	2265	79
	重点保护	591.3	21
生态脆弱性	一般脆弱	5.1	0
	比较脆弱	2255.9	79
	非常脆弱	595.3	21

（6）八达岭风景林林分内灌草连续性健康状态分析评价

健康评价见表3.13，八达岭林场林分内灌草水平连续性和垂直连续性的得分分别是2.73和2.82，表明其风景林下的灌草生态健康状态总体上达到良好程度。林下灌草是风景林的主要观赏植物，连续性健康状态直接影响风景林的质量，所以在今后的风景林经营中要注重林下灌草层次的健康培育模式，其中要控制好主林层郁闭度，注意割灌除草方式和技术，要根据观花赏叶的要求选择好保留灌木和草本的种类和密度。该林场林分的平均树高、胸径、郁闭度分别是6.7m、10.2cm、0.6，目前林下灌草的这种健康状态也是林分主林层特征现状决定的。

表3.13　八达岭林场林分内灌草连续性健康评价

Tab 3.13 The health evaluation of the shrub and grass continuity in the Badaling forestry centre

健康等级		灌草水平连续性				灌草垂直连续性			
等级	赋值	灌草盖度之和（%）	面积（hm²）	面积比例（%）	得分	灌草高度之和（cm）	面积（hm²）	面积比例（%）	得分
差	1	0～59	19	1	0.01	0～49	0	0	0
中	2	60～89	484	31	0.62	50～149	460	29	0.58
良	3	90～109	986	62	1.86	150～249	950	60	1.8
优	4	110～	97	6	0.24	250～	176	11	0.44
合计		50～125	1586	100	2.73	80～350	1586	100	2.82

（7）立地条件分析

立体条件分析见表3.14，风景林所处地区立地条件77.03%处于中等立地条件水平，立地条件较好的地区不足10%，立地条件较差地区占13%，因此总体上来说，八达岭长城风景林立地条件处于中等水平。

表3.14　八达岭长城风景林立地类型统计

Tab 3.14 The statistics of site types of the Scenic forest in the Badaling Great Wall

序号	立地类型	景斑数	景斑累积百分数
1	中阴厚	2	0.90
2	中低山沟谷	18	9.01
3	低阴中松	49	31.08
4	中阴中松	16	38.29
5	低阳中松	44	58.11
6	中阳中松	8	61.71
7	低阴中坚	12	67.12
8	中阴中坚	2	68.02
9	低阳中坚	16	75.23
10	中阳中坚	4	77.03
11	低阴薄松	10	81.53
12	低阳薄松	12	86.94
13	中阳薄松	4	88.74
14	低阴薄坚	9	92.79
15	中阴薄坚	2	93.69
16	低阳薄坚	11	98.65
17	中阳薄坚	3	100.00

注：立地类型是地貌、坡向、土壤厚度和母质风化状况主导因子缩写而成。

（8）八达岭风景林季相色度分析评价

成林常绿树种油松、侧柏面积994hm^2，占全部林分面积1587hm^{2}的63%。观花乔木种主要是刺槐，面积只有19.7hm^2。观花灌木种主要是绣线菊、荆条、山杏、山桃、丁香等，面积为2500hm^2，占林场总面积的85%。观秋叶类植物种主要由是元宝枫、黄栌、糠椴、杨、桦、栎主要阔叶类树种组成的阔叶林和混交林，面积为1175hm^2，其中黄栌面积335.4hm^2，占总面积的11%。胸径大于16cm的高大树木林地面积95hm^2，占林分总面积的6%。健康和亚健康状态的林分2737hm^2，占总面积的95%。

可见，该林场风景林的季相色度良好。在今后的风景林经营中应注重观花、观果、观叶类植物种的引进和培育，如野蔷薇、黄刺玫、珍珠梅、丁香、胡枝子、花楸、柿树、元宝枫、黄栌等。

3.4.3 八达岭长城风景林主要特点及存在主要问题

由以上对八达岭长城风景林的评价可以看出其存在以下问题：

1）在美景度上，水平郁闭型风景林占了一半以上，整个风景林的类型结构不够合理，多的多，少的少，缺乏多样性和变化性。

2）景斑相间分布均匀，但聚集型分布少。

3）可控郁闭度在0.6~0.7，密度适中。

4）在生态重要性、重点保护性和生态脆弱性三方面极端特殊，现有的管理手段和经营模式不能满足这种特殊性。

5）季相色度需要进一步加强。

这些问题将是在风景林的经营过程中着重考虑并完善的地方。

第四章

数据收集与预处理

4.1 基础数据的收集与整理

4.1.1 基础数据的收集

利用北京市林业局林业勘察设计院所提供的地形图、航片是采集风景林的基础数据。研究收集了林场多年来大量的数据资料、文字资料、图像资料。因子包括每个景斑的面积、地类、林地属性、权属、海拔、地貌、坡向、坡位、土层厚度、土壤名称、母质风化状况、腐殖质厚度、土壤质地、土壤侵蚀程度、裸岩率、立地类型、经营类型、林木起源、森林类别、林种等因子。

4.1.2 应用软件的选择

本研究GIS主要采用了arcgis9.0软件，八达岭长城风景林管理也主要依托于arcgis9.0软件平台。遥感图像的处理主要采用PCI9.0软件和ERDAS8.6软件，分析主要采用了arcgis9.0软件和ERDAS8.6软件的virtualGIS模块。

4.1.3 遥感数据源的选择

考虑到本研究的需要，选择一般的航天遥感数据显然满足不了详细分析，所以本研究选择了高分辨率的IKONOS卫星数据（2003年8月21日接收）和大比例尺航空彩色像片（2004年8月）。

航空照片的原始比例尺为1：3万，地面分辨率接近0.5m，具体拍摄参数为：航高1.5km，航摄仪RC－30，焦距153.591mm，为中心投影图像。航空像片已经经过严格的正射纠正，因此本研究不需要对航空像片进行纠正处理。

IKONOS卫星发射于1999年9月，2000年开始数据的市场销售。IKONOS是第一颗空间分辨率达到米级的卫星，具有4个多光谱波段，分辨率为4m；一个全色波段分辨率1m，IKONOS卫星波段范围及空间分辨率情况见表4.1。

表4.1　IKONOS卫星波段范围及空间分辨率情况

Tab 4.1 The spatial resolution and bands combination of IKONOS images

	波段范围	空间分辨率
Panchromatic	0.45～0.90μm	1 m
Band 1	0.45～0.53μm (blue)	4 m
Band 2	0.52～0.61μm (green)	4 m
Band 3	0.64～0.72μm (red)	4 m
Band 4	0.77～0.88μm (near infra-red)	4 m

4.1.4 基础数据的整理

利用PDA采集到的数据，主要用统计软件进行统计，得到一系列的统计表格，包括各类土地面积统计表、各类森林林木面积蓄积表、乔木林面积蓄积按龄组统计表、各林种面积蓄积统计表、生态公益林（地）统计表、各林种按地貌林地属性面积统计表、灌木林地覆盖度面积统计表、林地立地类型面积统计表、林地经营类型面积统计表。

4.2 数据的预处理

图像预处理，包括图像恢复与图像纠正，用于校正图像的几何畸变及辐射畸变，预处理后的图像更接近于地面实况，图像的畸变有一系列来源，地球曲率及地球旋转称为系统误差，可以通过精确模型来校正，这一般由卫星地面接收单位完成，由于卫星的高度、姿态、俯仰、速度、大气波动、周期性传感器故障等引起成图时，参数的随机波动，使系统误差校正后的图像仍存在不准确性，即非系统误差。这些误差包括噪声、辐射畸变、几何畸变三类。

4.2.1 图像数据的几何校正

由于遥感传感器、遥感平台以及地球本身等方面的原因，在遥感成像时往往会引起难以避免的几何畸变，按照畸变的性质划分，几何畸变可分为系统性畸变和随机性畸变。系统性畸变是指遥感系统造成的畸变，这种畸变一般存在一定的规律性，并且其大小事先可以预测，例如，扫描镜的结构模式和扫描速度等造成的畸变，由于这种畸变是按照比较简单和相对固定的几何关系分布在图像中的，因而比较容易校正，进行校正时只需将传感器的校准数据，遥感平台的位置，以及卫星运行姿态等一系列测量数据代入理论校正公式即可，这项工作一般由卫星地面接收单位进行校正；随机性畸变是指大小不能事先预测，其出现带有随机性质的畸变，例如地形起伏造成的随地而异的几何偏差。这项工作是用户所进行的一项几何校正工作，常称其为几何精校正。

4.2.1.1 航空影像校正

由于是中心投影，地形畸变非常大，

中心像元比例尺与周围像元比例尺相差很多，所以必须进行严格的正射校正才能成图使用。本研究所用航片，是北京市测绘局航摄，提供前已经经过严格的校正，经检验，精度符合成图要求。

4.2.1.2 IKONOS卫星影像校正

IKONOS图像精确校正时不是使用传感器的物理型，而是使用有理多项式RPC（Rational Polynomial Coefficients）模型来模拟其物理模型进行纠正，这是由于RPC模型比物理模型具有快速方便的优势。每张图像的RPC参数都不同。IKONOS也是第一个利用RPC模型代替物理模型进行纠正的卫星，其纠正的方法和其他的卫星具有很大的差别。

（1）参考图的选择

本次参考图采用1：1万比例尺的地形图，将当地坐标系转换为高斯投影坐标系。DEM是利用1：1万地形图等高线内差生成的地形高程模型。

（2）方法

利用ERDAS IMAGINE 8.6提供的纠正方法对IKONOS进行纠正。由于IKONOS的图像以GeoTiff格式提供，本身具有坐标和投影信息。其采用的投影是UTM，椭球体和基准面为WGS84。而研究用的参考图是高斯投影，因此先将原始图像的检查点坐标利用ERDAS IMAGINE的坐标转换功能转换为高斯投影，然后与其真实坐标进行比较。

1）利用RPC模型，数字高程信息利用当地的实际DEM。

2）利用多项式优化RPC模型纠正的结果：控制点选择完成并计算后，选择利用多项式优化RPC模型纠正结果选项，然后选择相应的多项式方次（0～3）进行优化。此次试验研究中对各方次的多项式方法以及不同的控制点数都进行了试验，高程信息利用当地的DEM，结果见表4.2。

表4.2　不同多项式方次（0～3）优化结果比较

Tab 4.2 The optimized results of different order polynomial

		20	16	12	8	5	3	1
不优化	X	10.0229	10.0229	10.0229	10.0229	10.0229	10.0229	10.0229
	Y	4.1613	4.1613	4.1613	4.1613	4.1613	4.1613	4.1613
	T	10.8524	10.8524	10.8524	10.8524	10.8524	10.8524	10.8524
	M	10.832	10.832	10.832	10.832	10.832	10.832	10.832
	SD	0.695	0.695	0.695	0.695	0.695	0.695	0.695
0次方	X	0.7663	0.8333	0.8366	0.8835	0.9814	10.912	0.9082
	Y	0.5877	0.6562	0.6220	0.8026	0.7015	0.5911	0.7176
	T	0.9657	1.0606	1.0425	1.1936	1.2063	1.2410	1.1574
	M	0.8055	0.8543	0.8442	1.0192	1.0241	1.11	1.0609
	SD	0.5565	0.6566	0.6389	0.6488	0.6659	0.5797	0.4833

（续）

		20	16	12	8	5	3	1
1次方	X	0.9084	0.9622	0.9553	0.9518	1.0801	3.0217	
	Y	0.5856	0.6659	0.6345	0.8084	0.7129	3.1755	
	T	1.0813	1.1701	1.1469	1.2488	1.2942	4.3843	
	M	0.9409	1.0193	1.0192	1.0919	1.1235	3.5083	
	SD	0.5566	0.6002	0.5493	0.6329	0.6710	2.7448	
2次方	X	0.9349	0.9096	0.9499	0.9121			
	Y	0.6744	0.6684	0.6730	0.7391			
	T	1.1527	1.1287	1.1641	1.1739			
	M	1.0124	1.0055	1.0384	1.0522			
	SD	0.5758	0.5358	0.5495	0.5437			
3次方	X	1.3903	1.2850	3.0559				
	Y	1.1039	1.2570	1.0344				
	T	1.7208	1.7976	3.2262				
	M	1.546	1.6366	2.5915				
	SD	0.7892	0.7767	1.7300				

注：X：X方向总的RMS误差；Y：Y方向总的RMS误差；T：X、Y两方向总的RMS误差；M：每一个检查点RMS误差的平均值；SD：每一个检查点RMS误差的标准偏差。

利用RPC模型，同时利用控制点对纠正的残余误差进行优化的效果明显高于不利用控制点的精度。如果只选择控制点而不进行优化则精度在10～13m范围内，X方向误差大于Y方向误差，几乎是Y方向的两倍。如果没有当地的DEM，即利用RPC计算的高程常数进行纠正则误差控制在2、3个像素左右；如果有与参考图相应的DEM，则纠正精度有明显提高，控制在1个像素以内，很少超过1个像素。从方次的选择可以看出，1、2次方效果很好，但控制点应控制在10个左右，如果减少控制点则误差有所增加，如果增加控制点虽然误差减小但效果不明显。

4.2.2 图像镶嵌处理

本研究所需航片共5幅，图像镶嵌主要采ERDAS IMAGINE 8.6提供的图像拼接（Mosaic）功能完成。

IKONOS图像不需要镶嵌处理。

4.2.3 试验区影像裁切

为了减少后期处理的数据量，对工作区以外的遥感数据进行裁除，在ERDAS IMAGINE 8.6图像处理软件支持下，根据提供的八达岭长城风景林边界的图形数据，利用subsat功能完成影像裁剪。

4.2.4 图像配准

尽管同一区域不同类型的图形、图像数据都已经过校正，但仍会残存着一定的几何误差，造成地物边缘不重合等误差，是对应地物点不同图像之间像元不能完全重合（一般半个像元），这对于一般工作来说，可能精度已经够了，但对于遥感监测工作来说，两期影像的匹配精度直接关系到遥感监测的精度，半个像元的配准误差可能已经造成很大的伪变化信息。因此，如何提高图像之间的配准精度，是提高动态监测精度的重要方面。

图像配准可分为两大类，其一是使用人工选择同名地物点用多项式法配准，另一种方法是基于灰度或特征影像计算机自动配准，又称图像匹配。基于灰度的影像匹配，首先从参考图像中提取目标区作为匹配的模板，然后用该模板在待配准图像中滑动，通过相似性度量（如相关系数法）来寻找最佳配准点进行匹配。基于特征的影像配准通常基于点、线、区域匹配，可分为特征提取和特征匹配两个过程。首先从两幅图像中提取出灰度变化明显的点、线、区域特征或特征集，然后在两幅图像对应的特征集中利用特征匹配算法尽可能地将存在匹配关系的特征对选择出来进行匹配。

本次研究工作，在手工选择GCP点进行几何精校正的基础上，又利用基于PCI软件的AutoREG及REG程序的自动灰度匹配功能，又分别对校正后的影像进行了更高精度的匹配，具体步骤如下：

1）按基于灰度匹配的方法采用相关窗口进行匹配，相关窗口由邻域像元组成，常用方形窗口，如选用5×5、7×7、11×11个像元，对于参考影像是源窗口，它总是保持固定位置，另一幅影像中的搜索窗口是候选窗口，需要利用参考窗口来对候选窗口进行评价，在相关过程中，移动搜索窗口来进行检查，直到找到一个与参考窗口最匹配的窗口位置，完成匹配过程。

2）相关计算试验证明，相关算法中最小二乘法相关精度最高，理论精度可以达到0.1个像元，但是要求所需初始位置的精确性约为2个像元（手工选点校正已经满足）。最小二乘相关采用最小二乘法估计来获取最佳配准搜索窗口和参考窗口的参数，这种方法不但考虑了灰阶的不同，而且也考虑了几何形状的不同，其搜索过程可重复计算，最初计算出的参数用于第二次的运算，如此反复，直到求得最佳答案。

3）通过相关计算，产生匹配矩阵，即产生参考影像与匹配影像之间的误差校正矩阵。

4）配准矩阵产生后，设定重采样方式，运行重采样程序，将匹配图像配准到参考图像空间中去。

经过以上方法进行匹配后，图像之间的匹配误差可小于0.2个像元。

第五章

八达岭长城风景林系统分类及数字化

5.1 八达岭长城风景林分类现状及存在的问题

八达岭长城风景林的科学分类，是管理和经营好现有风景林的的基础，只有建立在科学分类的基础上，才能实现分类经营、科学经营，最终实现风景林资源的健康、持续发展。

八达岭长城风景林主要依托八达岭林场大面积的天然次生林，总面积约2940hm^2。据资料记载，本区古代原有茂密的森林，但由于修筑长城，历代多次用兵，森林破坏殆尽，使原有森林环境逐渐转向干旱草原发展。本区原以阔叶林为主，由于人为破坏，留下的天然植被主要为灌木群落和荒草坡，后经多年的经营管理，天然次生林才得到了良好的生长。

八达岭长城风景林属于生态公益林中的特种用途林，在23个亚林种中，其中风景林和名胜古迹和革命纪念林分别属于第12亚林种和第13亚林种，根据国家林业局《森林资源规划设计调查主要技术规定》的定义，风景林是以满足人类生态需求，美化环境为主要目的，分布在风景名胜区、森林公园、度假区、滑雪场、狩猎场、城市公园、乡村公园及游览场所内的森林、林木和灌木林。名胜古迹和革命纪念林是位于名胜古迹和革命纪念地，包括自然与文化遗产地、历史与革命遗址地的森林、林木和灌木林，以及纪念林、文化林、古树名木等。其实从其各自的内涵来分析，名胜古迹和革命纪念地本身也是风景资源，只是更多的偏重于人文内涵，存在于其周围的林木资源，更多的功能是为了营造氛围，衬托主题。在长期的历史过程中，两者之间形成了一种相互依存、相互辉映的有机整体，名胜古迹成为了林木环境的一部分，林木环境同时也成了名胜古迹的一部分，特定的名胜古迹造就了特定氛围和特征的林木环境，形成了特定的风景资源。因此作者认为，名胜古迹和革命纪念林也应属于风景林的一部分。

由于长期受传统林场经营模式的影响，八达岭长城风景林的经营管理主要还是林业生产的老一套工作，在传统林业的区划体系下，即林业局－林场－林班－小班，建立起分类体系，即针叶林、阔叶林、混交林、灌木林、未成林造林地、非林地。林场的一切工作都是围绕小班进行的，显然这种分类体系是不适应风景林经营现状的。在风景林经营中更多注重的是景观效果的表现、协调和游憩功能的发挥，小班的边界是为了方便经营，人为机械划定的，其不可能成为风景林经营的基本单元。因此如何将现有的风景林资源进行合理的分类，以便组织合理的经营，将是八达岭长城风景林资源管理的突出问题，也是八达岭长城风景林管理要首先解决的问题。

5.2 八达岭长城风景林分类研究

在本次的研究过程种，根据风景林经营的特点，结合长城风景林的特殊性，本着集约、生态、可持续经营的目标提出如下的分类体系及方法。

5.2.1 八达岭长城风景林分类的原则和依据

根据八达岭长城风景林资源的自身特点，以及八达岭长城的特殊性，结合国内外风景林分类的具体实践，提出针对八达岭长城风景林的分类体系。

5.2.2.1 八达岭长城风景林分类的原则

（1）美学观赏

风景林的存在首先要满足人们的观赏性需求。八达岭长城作为世界著名的名胜古迹，中外游人在享受中国古老文化，品尝人类悠久历史的同时，人们更加需要的是衬托整个长城的自然风景。风景林的美学观赏价值在很大程度上决定了游人的兴趣和心情。

（2）生态效益

在满足人们观赏需要的情况下，还要考虑风景林生态效益的发挥，如果只有美，风景林的生态效益功能得不到发挥，则所谓的美将是残缺的美，不长久的美。

（3）可持续发展

八达岭长城风景林的发展应该是可持续的，在进行分类时必须把能够保证森林的可持续发展作为原则之一。如果只是一味地追求美，而风景林不能够持续发挥其生态效益，则风景林的发展将半途而废。

5.2.2.2 八达岭长城风景林分类的依据

（1）突出核心功能

自身功能的实现，是经营的最终目的。虽然说八达岭长城风景林的功能是多样的，比如游憩功能、美化环境、生态效益等，但每一块风景林都有其核心的功能，在任何情况下都应该保证核心功能的发挥，这才是最主要的，其他功能也只能是在保证核心功能的同时，起到锦上添花的作用。因此，八达岭长城风景林的分类应首先凝练其核心功能，然后围绕核心功能来开展分类经营，这是此次研究在分类中首先考虑的分类依据。

（2）充分考虑立地条件

在进行风景林分类时，要充分考虑林地的立地条件，选择适宜于这种立地条件下生长的风景林经营树种，只有这样才能从科学上创造出美，实现风景林的观赏功能及生态效益功能。

（3）林位

风景林景观与赏景点的相对位置是相关的，人们对风景林的观赏有视域、视角的不同；对风景林群落的感受有局部与全部的差异；有外貌与内部结构的区别，所以，人们对森林景观的感受，由于相对位置与视角的不同，产生平视、仰视、俯视、远视与近视的多种效应。平视、远视则显得森林天际线有起伏及深远之感；仰视、近视则显得林木雄伟；俯视则又令人有林海风涛、一望无际的感受。

（4）现有资源

八达岭长城风景林的现有资源是对其进行分类的基础所在，也是适地适树的体现。根据现存的实际情况，了解风景林各景斑的现状，是实事求是、从实际出发的表现，是科学进行各项工作的基础之一。

（5）群落稳定性

风景林林分群落的稳定性是风景林发挥其景观、生态等各种效益的保证，同时是风景林可持续发展的保证。稳定的群落内养分循环、各树种生存的互补等均达到平衡状态，这样的良性循环使得八达岭长城风景林持续、健康的发展。

5.2.2 八达岭长城风景林分类体系

5.2.2.1 几个基本概念的定义

（1）风景林景型

在风景林亚林种体系下，为了提高风景林经营的集约化程度，更好地合理经营和开展分类经营，按照风景林自身经营的特点，根据风景林经营目标和主要功能，将风景林又划分为不同的景型。相同的景型地域联片，经营目标、方向是一致的，在功能方面表现出森林资源所拥有的传统功能外，往往具备特殊的保护、美化、纪念等功能。

（2）风景林亚景型

在景型基础上，根据主要功能的不同，将景型细划为不同的亚景型。亚景型的划分除了主要考虑功能外，还要考虑景观效果、人为对景观的干扰强度等。亚景型的划分更主要地是体现高度集约化的分类经营，经营目标和主要功能一致的风景林亚景型合并为风景林景型。

（3）风景林景斑

是风景林分类的最小单位，也是风景林经营的最小单位。植被类型一致，年龄一致，起源相同，环境因子相似的地域单元划分为一个景斑，功能一致的景斑结合为风景林亚景型。

（4）风景林景斑类型

景斑特征一致，经营措施相似的景斑，称为一个景斑类型。

5.2.2.2 风景林分类体系

根据位置、经营目标和主要功能的不

同，提出将风景林亚林种又划分为4种景型，即名胜古迹和革命纪念地风景林；城镇周围风景林；风水林；生态风景林。

八达岭长城风景林属于名胜古迹和革命纪念地风景林类型，根据八达岭长城风景林自身特点，综合考虑主要功能、美学观赏、生态效益，以及长城的特殊历史意义等，将八达岭长城风景林又划分为5个亚景型，即长城保安林；长城观光林；长城游憩林；长城陵园林；长城友谊林。

5.2.3 八达岭长城风景林分类技术标准

5.2.3.1 名胜古迹和革命纪念地风景林

处于名胜古迹和革命纪念地的周围，为名胜古迹和革命纪念地环境的一部分，发挥保护、维持、净化名胜古迹和革命纪念地环境任务的风景林称之为名胜古迹和革命纪念地风景林。八达岭长城是世界闻名的名胜古迹，因此八达岭长城风景林属于名胜古迹和革命纪念地风景林的范畴。

（1）长城保安林

八达岭长城沿山脊线绵绵蜿蜒，其两侧的山坡从长城至山脚下，定义为长城保安林。长城保安林的主要作用是保护长城两侧山体的基本结构，蓄水固土，维持山坡不发生自然灾害。长城保安林区域一旦发生泥石流、山体滑坡等灾害，则对长城将是毁灭性的破坏，因此从长城保护的意义上讲，长城保安林区域的风景林建设至关重要。

（2）长城观光林

站在长城上，水平距离0.5km以内的前山脸定义为长城观光林。站在长城上游人能够直接观赏到观光林，是长城风景林景观效益发挥的重要区域。游人在雄伟的长城上向远处眺望，此时此刻，观光林景观的好坏影响着游人的心境，因此观光林区以发挥景观效益为首位。

（3）长城游憩林

保安林、观光林以外的风景林定义为长城游憩林。游憩林将为游客提供一条在长城外体验长城巍峨雄姿的游览路线，进一步扩大八达岭长城的游览空间，延长游客的停留时间，增加游客对长城深层次的了解。风景游憩林的宗旨是平衡旅游开发与环境保护的关系，使自然景观、文化氛围和历史教育实现完美结合。

（4）八达岭陵园林

八达岭陵园林是八达岭长城风景林的一部分，位于长城东侧，占地90hm^2。陵园内的风景林树种多为侧柏及小花灌木，衬托出墓地应有的低沉、忧伤的特点。

（5）长城友谊林

长城友谊林是为国际友人提供植树空间的一处风景林。游人在这里不但可以了解长城的历史和文化，还能感受到保护环境对于人类生存的重要性，进一步加深对长城内涵的理解，八达岭国际友谊林与层峦叠嶂的八达岭相互辉映，得天独厚的自然和人为景观更是美不胜收。不论是在林中仰望长城还是登高纵观长城，都会给游人提供一个全新的参观长城的视角。

5.2.3.2 城镇周围风景林

城镇周围区域的森林定义为城镇周围

风景林，包括前山脸。城镇周围风景林的主要作用是发挥风景林的生态效益，同时要兼顾景观效益。

5.2.3.3 风水林

墓地、村口、特定区域兼顾传统风水意义上的风景林定义为风水林，主要作用是体现一种精神形态上的感受，兼顾绿化美化、融合自然的作用。

5.2.3.4 生态风景林

是专门营造用于发挥防风固沙、水土保持、水源涵养、美化环境、改善小气候等一系列生态效益的风景林，其包含的面积较大，大部分的风景林均可以作为生态风景林进行经营和管理。

5.3 八达岭长城风景林数字化标准体系建设

数据的标准化和规范化是数字化建设的前提，它为数据库概念设计、逻辑设计、物理设计奠定了基础。就风景林而言，数字化标准体系建设目前还没有一个统一的标准，建立风景林数字化标准体系是风景林资源数字化管理的基础工作。

5.3.1 数据分类与代码设计

5.3.1.1 分类与编码原则

风景林数字化管理内容丰富，存入计算机中需要对其按照一定规律分类与编码，才能按照其代码进行检索与查询，满足空间分析的需要。如果不进行合理的分类与编码将会影响数据库的使用效率，因此，数据的分类与编码是实现数据有机组织、有效存储和检索的重要基础。

数据编码要遵循以下原则：

科学性：为了便于对数据的管理和应用，因此，要根据信息特征进行严格的分类；

系统性：分类要按照顺序合理排序，形成系统的、有机体，能够反映事物之间的关系与区别；

稳定性：分类完成后，应该在较长时间内不进行变动；

兼容性：编码要按照国家标准、地方标准、行业标准进行，达到最大限度的统一；

扩展性：编码要留有适当的余地和给出相应的方法，以便当有新的编码出现时便于加入，而不影响其他的编码。

5.3.1.2 分类与编码的方法

信息分类编码包括分类与编码两个内容。

信息分类是将具有共同的属性或特征的事物或现象归并为一起，而把不同属性或特征的事物或现象分开的过程，它是编码的基础。分类方法一般有两种：即线分类法与面分类法。线分类法是一种层级分类法，将数据逐级分成有层的类目。其中同层级类目之间存在并列和隶属关系，同层级类目互不交叉的分类目录。面分类法是将数据分成独立的若干类目，互不统属。

信息编码是将信息分类的结果用易于

被计算机和识别的符号体系表示出来的过程，是人们统一认识、相互交换信息的一种技术手段。编码的产物是代码，是计算机鉴别和查找信息的主要依据和手段。代码一般由数字或字符构成，具有唯一性，并具有分类和排序的功能。

风景林数字化信息应进行科学的分类和编码，一般采用先分类法，分类结果是形成树形结构的分类目录。其代码分为两种：

1）分类码，是根据风景林数字化分类体系设计出的各信息的分类的代码，用以标识不同类别的数据，根据它可以从数据中查询出所需类别的全部数据。

2）标识码（亦称识别码），是在分类码的基础上，对每类数据设计出其全部或主要实体的识别代码，用以对某一类数据中的某个实体，如一个居民地、一条河流、一块林地等进行个体查询检索，从而弥补分类码不能进行个体分离的缺陷。

5.3.1.3 分类与编码示例

风景林管理所需数据既涉及国家基础地理信息数据，又包括林业上的专题数据，因此，所要进行的分类和确定的编码方法要考虑这两方面的内容。在参考《国土基础信息数据分类与代码》（GB/T13923-92）、《1：500 1：1000 1：2000地形图要素分类与代码》（GB/T 14804-93）、《1：5000 1：10000 1：25000 1：100000地形图要素分类与代码》（GB/T 15660-1995）、《林业专题空间数据加工处理技术规范》（数字林业）、《中国土壤分类与代码 土纲、亚纲、土类和亚类分类与代码》（GB/T 17296-1998）、《林业资源分类与代码 森林类型》（GB/T 14721.1-93）的基础上，结合风景林管理的需要，确定以下分类与代码：

（1）基础地理信息

地理信息共分为九个大类，并以此细分为小类、一级和二级。分类代码由五位数字码组成，其结构如下：

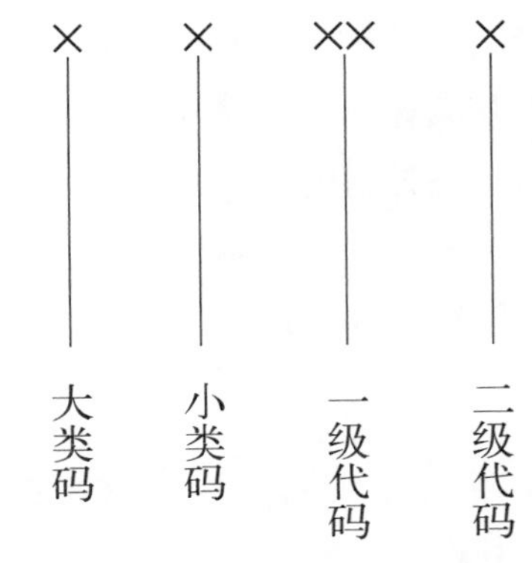

大类码、小类码、一级代码和二级代码分别用数字顺序排列。

考虑到数据共享，《国土基础信息数据分类与代码》（GB/T13923-92）中有的基础地理数据保持原代码，没有的在原有基础上扩充和改动，见下表。

1）测量控制点

代码	要素名称	几何类型
10000	测量控制点	点
11000	平面控制点	点
11010	大地原点	点
11020	三角点	点
11021	一等	点

（续）

代码	要素名称	几何类型
11022	二等	点
11023	三等	点
11024	四等	点
11030	导线点	点
11031	一级	点
11032	二级	点
11033	三级	点
11034	四级	点
12000	高程控制点	点
12010	水准原点	点
12020	水准点	点
12021	一等水准点	点
12022	二等水准点	点
12023	三等水准点	点
12024	四等水准点	点
12025	五等水准点	点
13000	其他控制点	点
13010	天文点	点
13011	天文主点	点
13012	一等天文主点	点
13013	二等天文主点	点
13014	三等天文主点	点
13015	四等天文主点	点
13020	重力点	点
13021	基准点	点
13022	基本点	点
13023	一等重力点	点
13024	二等重力点	点
13025	加密点	点
13030	GPS点	点
13031	A级GPS点	点
13032	B级GPS点	点
13033	C级GPS点	点
13034	D级GPS点	点

（续）

代码	要素名称	几何类型
13035	E级GPS点	点
13040	多普勒点	点
13050	其他基础控制点	点
J13051	小三角点	点
J13052	埋石图根点	点

2）水系

20000	水系	点、线、面
21000	河流	线
21010	常年河	线、面
21011	单线常年河	线
21012	双线常年河	面
21020	时令河	线、面
21021	单线时令河	线
21022	双线时令河	面
21030	消失河段	线、面
21031	单线消失河段	线
21032	双线消失河段	面
21040	地下河段	线
22000	运河、沟渠	线、面
22010	运河	面
22020	沟渠	线、面
22021	单线沟渠	线
22022	双线沟渠	面
22040	废弃沟渠	线
22050	干沟	线、面
22051	单线干沟	线
	双线干沟	面
22060	输水隧道	线
22070	沟堑	线
23000	湖泊	面
23010	常年湖	面
23011	淡水湖	面
23012	咸水湖	面

（续）

23013	苦水湖	面
23020	时令湖	面
23021	淡水湖	面
23022	咸水湖	面
23023	苦水湖	面
24000	水利设施	点、线、面
24010	水库	面
24011	建筑中的水库	面
24020	主要堤	线
24030	一般堤	线
24040	水闸	线
24050	滚水坝	线
24060	拦水坝	线
24070	防波堤	线
24100	加固岸	线
24110	水井	点
24120	池塘	面
25000	其他水系要素	点、线、面

3）居民地

30000	居民地	面
31000	居民地行政等级	面
31010	首都	面
31020	省、自治区、直辖市政府驻地	面
31030	省辖市（地级市）政府驻地	面
31040	地区、自治州、盟政府驻地	面
31050	市辖区、地辖市（县级市）政府驻地	面
31060	县、自治县、旗政府驻地	面
31070	省直辖行政单位政府驻地	面
31080	镇政府驻地	面
31090	乡政府驻地	面
31110	乡级以下居民地	面
31120	政企合一单位（农、林、牧场等）	面

（续）

32000	居民地建筑物	面
32010	街区	面

4）交通

40000	交通	点、线
41000	铁路	点、线
41010	电气化铁路	线
41011	复线（电气化铁路）	线
41012	单线（电气化铁路）	线
41013	建筑中的（电气化铁路）	线
41020	普通铁路	线
41021	复线（普通铁路）	线
41022	单线（普通铁路）	线
41023	建筑中的（普通铁路）	线
41030	窄轨铁路	线
41031	建筑中的（窄轨铁路）	线
41040	轻便轨道、缆车道	线
41050	架空索道	线
41060	车站	点
41100	高速铁路	线
42000	公路	线
42010	高速公路	线
42011	建筑中的高速公路	线
42012	规划的高速公路	线
42013	正测设的高速公路	线
42020	一级公路	线
42021	建筑中的一级公路	线
42022	规划的一级公路	线
42023	正测设的一级公路	线
42030	二级公路	线
42031	建筑中的二级公路	线
42040	三级公路	线
42041	建筑中的三级公路	线
42050	四级公路	线
42051	建筑中的四级公路	线

（续）

42060	等外公路	线
42061	建筑中的等外公路	线
42110	大车路、机耕路	线
42120	乡村路	线
42130	小路	线
43000	铁路和公路主要构筑物	线
43010	铁路桥	线
43020	公路桥	线
43030	铁路、公路两用桥	线
43050	人行桥	线
43060	悬索桥	线
43100	路堑	线
43110	路堤	线

6）境界

60000	境界	线
61000	行政区划界	线
61010	国界	线
61011	国界界桩、界碑	点
61020	未定国界	线
61030	省、自治区、直辖市界	线
61040	自治州、地区、盟、地级市界	线
61050	县、自治县、旗、县级市界	线
61060	乡、镇、国营农、林、牧场界	线
61061	林班线（风景林班线）	线
61062	林班标识点（风景林班标识点）	点
61063	景斑线（风景林景斑线）	线
61064	景斑标识点（风景林景斑标识点）	点
61070	村界	线
61090	特别行政区界	线
62000	其他界线	线

（续）

62010	特殊地区界	线
62020	自然保护区界	线

7）地貌

70000	地貌	点、线、面
71000	等高线	线
71010	计曲线	线
71011	首曲线	线
71013	间曲线	线
71014	助曲线	线
72000	高程	点
72010	高程点	点
72020	特殊高程点	点
72024	坝顶高程点	点
72025	堤顶高程点	点
72028	桥面高程点	点

（2）林业专题信息

林业专题信息的分类原则与基础地理信息相似，只是在前面加上一个特征码L，其结构如下：

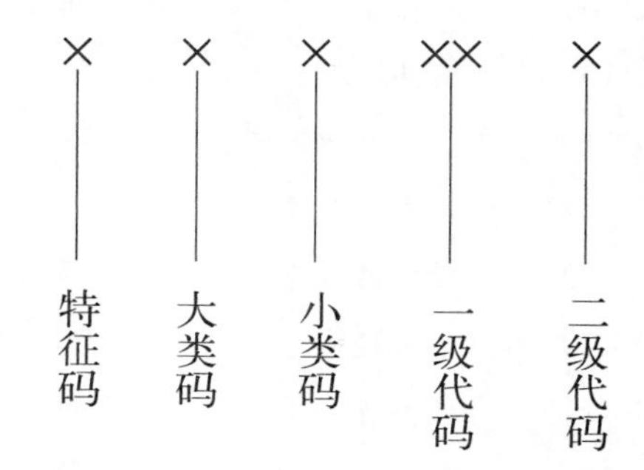

土壤层是在《中国土壤分类与代码 土纲、亚纲、土类和亚类分类与代码》（GB/T 17296—1998）的基础上，加上特征码（L），并将土纲代码按字母顺序改为数字表示，见下表。

L1）防火层

L100000	防火层	点、线、面
L101000	防火区	面
L101100	重点防火区	面
L101110	雷击区	面
L101200	中度防火区	面
L101300	普通防火区	面
L102000	防火带	线、面
L102100	防火线	线
L102200	生物防火林带	面
L102300	防火隔离带	面
L103000	防火设施	点、面
L103100	望塔	点
L103200	防火检查站	点
L103300	机降点	点
L103400	林火气象站	点
L103500	防火指挥中心	点

L2）土壤层

L200000	土壤层	面
L201000	铁铝土	面
L201100	湿热铁铝土	面
L201110	砖红壤	面
L201111	典型砖红壤	面
L201112	黄色砖红壤	面
L201120	赤红壤	面
L201121	典型赤红壤	面
L201122	黄色赤红壤	面
L201123	赤红壤性土	面
L201130	红壤	面
L201131	典型红壤	面
L201132	黄红壤	面
……	……	……

L3）病虫害层

L300000	病虫害层	面
L301000	严重受害林	面
L302000	中度受害林	面
L303000	轻度受害林	面
L304000	健康林	面

L4）八达岭长城风景林层

L410000	名胜古迹风景林	面
L411000	城镇周围风景林	面
L411100	风水林	面
L411110	生态风景林	面
L410001	长城保安林	面
L410002	长城观光林	面
L410003	长城游憩林	面
L410004	长城陵园林	面
L410005	长城友谊林	面

5.3.2 数据格式与投影标准

数据格式和投影转换是数字化管理中经常遇到的不同系统间数据接口问题，因此数据格式和投影转换的标准化显得尤为重要。

5.3.2.1 数据格式

（1）影像数据格式

在对影像进行处理过程中，主要应用了ERDAS软件，数据管理平台主要应用ARCGIS软件平台，所以影像数据的格式以IMG格式和TIF格式为标准。

（2）图形数据格式

以ARCGIS软件作为数据管理的平

台，所以数据格式主要以shp格式为标准。

ARC/INFO是最早进入中国市场的地理信息软件，在全球同类软件中雄居榜首。该软件拥有强大的空间数据处理分析能力。风景林资源的管理可以以ARCGIS软件作为数据管理的平台，以Coverage格式作为数字风景林空间数据存储格式。

5.3.2.2 投影标准

（1）大地基准

采用1954北京坐标系（Beijing Geodetic Coordinate System1954），参考椭球体系采用克拉索夫斯基椭球体（1940），其长半径为6378245m，扁率为1/298.3。

（2）投影方式

采用高斯-克吕格投影。

（3）高程基准

采用1956黄海高程系（Huanghai Vertical Datum 1956），其水准原点的起算高程为72.289m。

5.3.3 数据拓扑检查与一致性检验

5.3.3.1 拓扑检查

拓扑检测主要是对拓扑构建的结果进行检测，以防止由于数据质量问题或用户设置不当而产生的不合适的结果。

在拓扑构建的过程中，由于数据质量的问题或者用户的设置的原因，在拓扑的构建过程中会出现各种错误，如标识点未关联、构成了不合法的面，等等。

拓扑检测通过标识点检测、拓扑面检测和悬挂线检测达到拓扑检测目的。

（1）标识点

检查封闭多边形是否已经建立了与标识点的关联关系以及多边形内部的标识点是否合理。

对于没有构建拓扑的图，先进行拓扑构建处理。对于多边形内部没有标识点的要添加标识点。对于多边形有多个标识点的删除“假”标识点。

（2）拓扑面

在矢量化的过程中，由于种种原因，会产生小的闭合的多边形，而在拓扑构建过程中构成不合法的面。拓扑面检测是对已经构成的面根据用户给定的面积限差来检查，以达到删除不合理面的目的。

（3）悬挂线

在数据的采集过程中，由于主观或者客观的原因，会产生孤立的线。如采集时出现的桥的情况。悬挂线是指在拓扑构建之后不作为任何一个面的边界线的线。

对于发现的悬挂线可以作以下处理：

对不合理的悬挂线，将其删除。如果悬挂线合理，在结果列表中将其标示为已经检测过即可。

5.3.3.2 一致性检测

（1）数据采集的统一性检查

在数据采集过程中，必须按照数据字典和建库的要求进行，保证数据的统一规范。

（2）层数据的统一规范

按照数据字典要求和建库模型的数学特征、数据应用要求等，逐一调整工程文件的分层名称使其符合关系数据表的命名规则，逐一调整分层要素的逻辑显示顺序。

(3) 要素编码的统一规范

按照数据字典要求，统一调整原有的各个独立要素编码。

(4) 图形要素的规范

结合建库模型的数学特性和数据要求，自动统一地约束各个独立图形要素的几何特性，保证数据完全符合数学模型要求。进行空间关系、拓扑关系、图幅接边等的整理规范。

(5) 属性字段和属性值的统一规范

按照数据字典要求逐一规范分层要素的属性字段结构定义（名称、类型），以及相应属性值的合理性、差异性的统一。

(6) 图形和属性值的一致性规范

按照数据字典要求调整、统一、规范要素的图形与属性的一致性。

第六章

八达岭长城风景林数字化信息获取技术

在风景林管理体系中，最基础也是最重要的部分就是数据的获取，数据是决策分析的基础。数据的获取方法正逐渐成为一门技术，风景林的数据已经不仅仅从传统的地面调查获得，而且采用传统的方式既不经济，效率太低。随着遥感技术、信息技术、网络技术的发展，数据获取的手段日趋丰富和高效，就风景林管理体系而言，主要可以通过以下3种方法实现。

1）遥感技术方法，充分利用遥感数据覆盖范围广、重访周期短、经济等特性完成数据采集任务。

2）PDA技术，PDA是近些年来兴起的一种集计算、通信、网络等于一身的设备，它在各行各业中的应用越来越广泛，林业中基于PDA技术的外业数据采集的效率大大提高，数据精度可靠。

3）矢量化技术，采用矢量化技术对历史、现实的地图数据完成栅格向矢量化的转换，实现数字化的管理。

在数字化信息获取过程中，一般将栅格图像转换为矢量图形，这是一个较大的工作量，但是是很有必要的，矢量图与栅格图相比有如下优点：

1）计算距离和标注地名符号快速准确，可对地图局部无限放大。

2）可分层显示地图。

3）可以以图元为单位进行信息编辑修改，人机交互画线标注符号文字，删除地图上多余的信息。

4）可以通过计算机网络进行电子地图传递，提供信息共享，传递的速度快，保密性强。

6.1 基于常规技术的数字化信息采集方法

常规的数字化采集方法主要有：

1）通过扫描矢量化过程来完成。

2）现场手工记录，室内键盘输入。

3）通过数字化仪和计算机相连，手扶跟踪数字化。

本研究主要采用地形图扫描矢量化的方法来获取基础地理数据。

6.1.1 扫描矢量化的一般问题

随着计算机软件和硬件更加便宜，并且提供了更多的功能，空间数据获取成本成为GIS项目中最主要的成分。由于手扶跟踪数字化需要大量的人工操作，使得它成为以数字为主体的应用项目瓶颈。扫描技术的出现无疑为空间数据录入提供了有力的工具。

在扫描后处理中，需要进行栅格转矢量的运算，一般称为扫描矢量化过程。扫描矢量化可以自动进行，但是扫描地图中包含多种信息，系统难以自动识别分辨（例如，在一幅地形图中，有等高线、道路、河流等多种线地物，尽管不同地物有不同的线型、颜色，但是对于计算机系统而言，仍然难以对它们进行自动区分），这使得完全自动矢量化的结果不那么“可靠”，所以在实际应用中，常常采用交互跟踪矢量化，或者称为半自动矢量化。

6.1.2 扫描矢量化实现过程

1）利用大型工程扫描仪扫描所要采集的地形图，存为TIF格式。

2）按照数据采集标准的要求，利用GEOWAY DRG软件对其进行校正，并建立标准的投影模式。由于1：10000地形图应用的是城市坐标系统，而其他图形、图像应用的是大地坐标系统，所以二者之间应该进行一定的投影转换，本研究主要应用arcgis9.0的投影转换功能来完成。

3）利用GEOWAY软件，按照数据采集标准的要求，采集等高线等地理要素，并建立相应的属性数据库。

4）通过GEOWAY软件所采集的矢量基础地理数据，通过软件本身的格式转换功能实现到ARCGIS平台的转换（主要转换为shp文件）。

扫描矢量化过程图见图6.1。

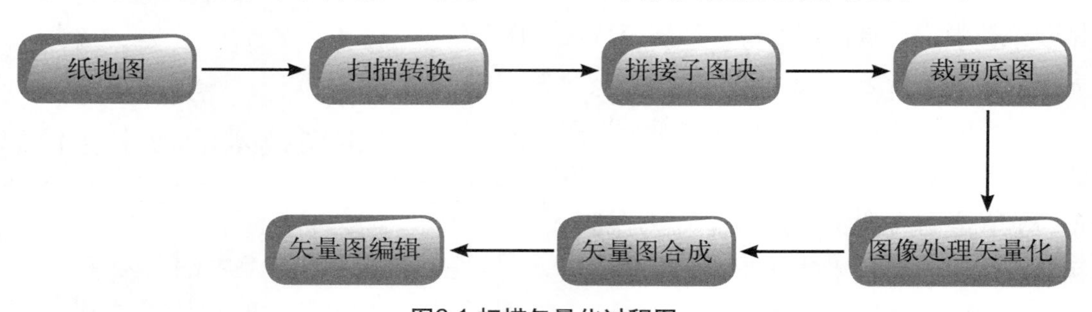

图6.1 扫描矢量化过程图
Fig 6.1 The process graph of scanning vectorization

6.2 基于PDA技术获取现地基础空间信息

按照传统的方法，野外现地基础空间信息的获取，主要采用现场调查记录，事后输入电脑的方法。本研究所需的大量现地数据，是直接利用PDA进行野外数字记录，而后直接导入电脑进行统计和分析的方法。

6.2.1 PDA技术特点及林业行业传统外业调查存在问题

6.2.1.1 PDA技术特点

PDA（Personal Digital Assistant）即个人数字助理，是一种手持设备，可以通过无线方式实现计算、通信、网络、存储、电子商务等多功能的融合。PDA的高端产品，即掌上型电脑，此类产品具有专为满足用户应用需求而开发的各种功能化产品，包括计算、字典、录音、图书、网络等功能在内，此类掌上电脑，实际上就是一台小电脑。单纯的PDA产品，难以满足各个行业具体的需要，可以基于Windows CE平台，采用C、eMbeddedVisualC++4.0等开发工具进行自主开发。

具体特点表现在：

1）小巧轻便，适宜野外携带。

2）配有GPS导航系统，野外定位准确。

3）内置现状地图，方便应用。

4）数据现地入库，减少采集环节，减少误差产生。

6.2.1.2 林业行业传统外业调查存在问题

就林业来说，在传统森林资源二类数据的采集调绘过程中，寻找调查地块通常靠纸质地形图指引，工作效率低。随着GPS的出现，这个问题得到解决。但通常要涉及大量的空间数据和属性数据。传统上，空间数据的采集一直借助于纸制地图，属性数据的采集往往是用卡片进行记录。这样就存在着：

1）野外人工调绘和卡片填写工作量较大且不容易定位。

2）对采集数据的完整性和采集数据因子之间的逻辑错误等问题得不到及时有效控制。

3）内业数据录入工作量大，数据出错的概率高等问题。

随着信息技术的发展，无纸化外业数据采集成为一种发展趋势，如果能将PDA与地理信息系统、全球定位系统等技术集成，这些问题就可以迎刃而解。

6.2.2 PDA野外现地基础调查数据获取的一般过程

首先对地图格式进行转换，然后在计算机上安装同步软件，并下载所需地图数据到PDA设备进行外业调查，调查完毕后将PDA上的数据传到计算机上，进行数据处理，见图6.2。

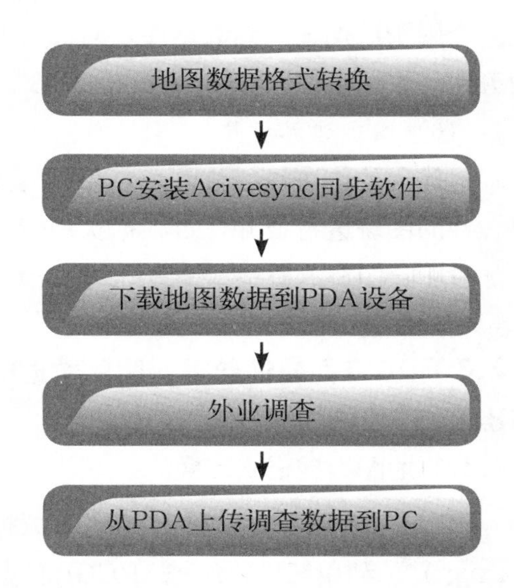

图6.2 PDA技术获取现地基础空间信息的一般过程
Fig 6.2 The process of the fundamental spatial information acquisition with PDA technology

PDA数据采集实现包括：

（1）图像增强与叠加

对要使用的航片、卫片进行增强、校正等处理，在ARCGIS平台上与1：10000地形图或其他类型的数据进行叠加。

（2）景斑勾绘

利用ARCGIS平台，在计算机屏幕上直接勾绘出图斑边界。

（3）数据安装

将图斑的图形数据转换成PDA系统使用的地图格式文件，并拷贝到PDA上。

（4）下载图斑数据到PDA的图斑属性数据库中

在PDA中每个图斑都对应着16个相互关联的记录表格，以DBF的格式保存。

（5）数据采集

携带装载图斑基本数据的PDA以图斑为单位进行实地调查，利用PDA上的GPS系统和地图确定图斑后，把图斑的各项调查因子数据输入到数据库，对已有的图斑因子数据可按照实际情况进行修改。

（6）图斑边界调整

对较大的图斑进行分割，对相邻的需要合并的图斑进行合并，可根据实地情况增加或删除图斑。

6.2.3 PDA空间属性数据、图形数据的转出及与GIS的对接

6.2.3.1 地图数据格式转换

PDA软件使用特定格式的地图数据（.map），利用转换软件把ARCGIS的数据格式转换为PDA地图数据（.map）。转换软件只能转换MIF格式的地图数据。

6.2.3.2 安装ActiveSync同步软件

为了使PC和PDA设备进行通信，必须在PC上安装ActiveSync 3.7同步软件。通过ActiveSync 3.7同步软件，PC可通过串口、USB口、网卡、红外口等与PDA连接。当PC与PDA连接后，PDA就可以看成是PC的一个移动设备。在PC的“我的电脑”中出现一个“Mobile Device”或“移动设备”图标，双击该图标就可以看到PDA设备中的文件目录和文件，使用通用的文件复制方式就可以在PDA和PC之间文件上传和下载。

6.2.3.3 下载地图数据到PDA设备

在安装好ActiveSync 3.7同步软件后，用USB数据同步线使PC和PDA连接好，把PDA地图数据复制到PDA的“\FlashDisk\林业软件\map\”目录下。

6.2.3.4 上传数据

在安装好ActiveSync 3.7同步软件后，先用USB数据同步线使PC和PDA连接好。从PDA的“\MMC\地图\”卡或“\FlashDisk\林业软件\地图\”目录下复制调查数据，如果调查数据是存在MMC卡中，也可以使用读卡器从MMC卡中读取数据。

6.3 基于高分辨率遥感图像的风景林数字信息采集技术

高分辨率遥感影像主要应用了1m分

辨率的IKONOS卫星数据和高分辨率航空照片。主要用于采集八达岭长城风景林资源信息。

6.3.1 基于IKONOS影像的现状植被信息监督分类

6.3.1.1 基于监督分类方法试验

监督分类要求用户首先要进行外业调查，依据所拥有的数据资料定义支持假设的规则、条件和变量，建立起不同地类与遥感图像光谱值的对应关系，常用于对研究区域比较了解的情况。在监督分类过程中，首先选择可以识别或者借助其他信息可以断定其类型的像元建立训练样地，然后基于该训练基地使计算机系统能够自动识别具有相同特性的像元。对分类结果进行评价后再对训练样地进行修改，多次反复后建立一个比较正确的训练样地，并在此基础上最终进行分类。

（1）监督分类的一般流程

一般流程见图6.3。在启动图像的基础上启动特征编辑器，建立训练样地并进行修改，之后对训练样地进行评价，再将评价结果反馈到修改意见，再进行评价，几次反复后进行监督分类，并对分类图进行处理成为最后的分类结果图。

（2）现状植被类型分类

现状植被被分为混交林、针叶林、阔叶林、灌木林地及非林地5类，分类结果统计表见表6.1。

表6.1　训练样区选择结果统计表

Tab 6.1 The statistics of the selected point for generating classification signature

现有植被分类	说明
混交林	主要是针阔混交
针叶林	主要是油松、侧柏、落叶松、黑松
阔叶林	主要是桦木、山杨、杨树、五角枫
灌木林地	主要是荆条、酸枣、绣线菊、山杏等
非林地	包括道路、农田、居民点、水体等

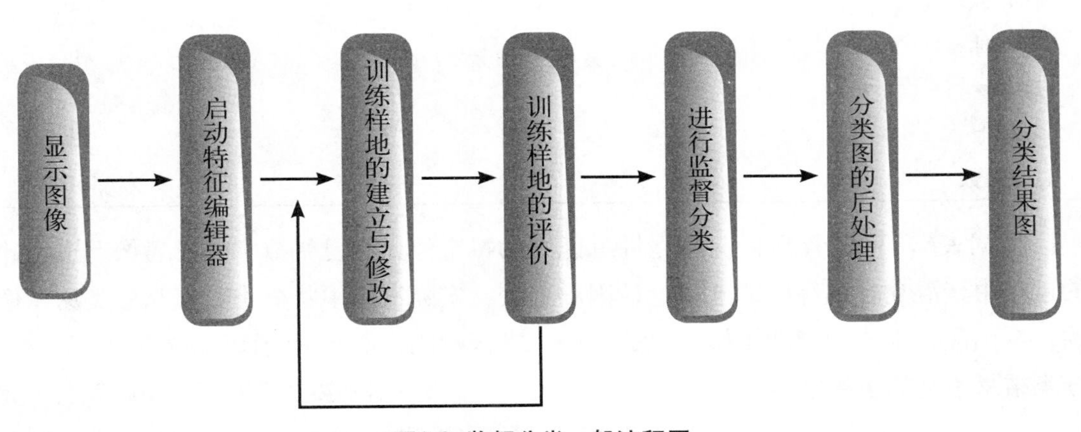

图6.3 监督分类一般流程图

Fig 6.3 The flow process of supervised classification

（3）建立训练样地

选取20个混交林训练区、14个针叶林训练区、11个阔叶林训练区、8个灌木林训练区、17个非林地训练区。将各个训练区按类别进行归纳并统计像素数，如表6.2所示。

表6.2 选取训练样区结果统计表

Tab 6.2 The statistics of the selected point for generating classification signature

数据	混交林	针叶林	阔叶林	灌木林	非林地	行总数
混交林	1578	89	895	67	0	2629
针叶林	19	2444	34	0	0	2497
阔叶林	623	16	1127	23	0	1789
灌木林	7	0	28	4622	0	4657
非林地	0	0	0	0	1822	1822
总像素数	2227	2549	2084	4712	1822	13394

之后根据所选择的训练样地进行监督分类。打开分类后的影像与原影像进行对比。根据影像判读的知识以及实地的调查，我们知道，很多混交林被错分类为阔叶林，有些主要阔叶林被分类为混交林。对分类发生错误的地区重新选取训练区，发现大部分分类错误都是由于训练样区选取不够多或纯度不够造成的，再次对混交林和阔叶林重新选取训练样区后得到新的统计结果，见表6.3，分类错误有所降低。

表6.3 新选取训练样区结果统计表

Tab 6.3 The statistics of the recently selected point for generating classification signature

数据	混交林	针叶林	阔叶林	灌木林	非林地	行总数
混交林	3855	47	435	171	0	4508
针叶林	19	2444	34	0	0	2497
阔叶林	467	39	1938	76	0	2520
灌木林	7	0	28	4622	0	4657
非林地	0	0	0	0	1822	1822
总像素数	4348	2530	2435	4869	1822	16004

根据表6.3可以看到，在建立训练区的过程中，混交林训练区的选取是最困难的。在山区，由于阴影的干扰，也是造成分类结果不高的主要因素。

6.3.1.2 分类精度评定

分类精度评定是将专题分类图像中的特定像元与已知分类的参考像元进行比较，实际工作中将分类数据与分类原图像进行对比，像元素统计见表6.4。

在分类图像中随即产生361个点，完全覆盖于图像中。计算机将参照分类后的专题影像，按照各点的坐标将地类属性与点号相对应。然后由在外业中做出判断，作为各个参考点的实际类别值。由此，可以得出此次分类的精度评定报告，见表6.5。

表6.4　精度评定选定像元数统计

Tab 6.4 The statistics of the selected random point for accuracy assessment

数据	混交林	针叶林	阔叶林	灌木林	非林地	行总数
混交林	56	2	17	1	0	76
针叶林	7	84	4	0	0	95
阔叶林	28	3	57	2	0	90
灌木林	4	0	7	66	0	77
非林地	0	0	0	0	23	23
总像素数	95	89	85	69	23	361

表6.5　精度评定结果统计

Tab 6.5 The report of accuracy assessment

分类名称	分类结果	正确数	分类精度%
混交林	76	56	73.68
针叶林	95	84	88.42
阔叶林	90	57	63.33
灌木林	77	66	85.71
非林地	23	23	100.00
总像素数	361	286	
	总分类精度：	79.22%	

由表6.5可知，混交林和阔叶林的分类精度较低，这主要是它们相互之间混淆的比较多。非林地特征明显，与其他类型几乎没有混淆，所以分类精度最高。总体分类精度为79.22%。

6.3.1.3 分类后处理

影像的分类会产生很多面积很小的图斑，相当数量的图斑其实就是错误分类的产品，也或者分类出的地类太过细微，无论从专题制图的角度还是从实际应用的角度，都有必要对这些小图斑进行剔除。研究中可以设定被剔除图斑的大小，将符合条件的图斑删除并将其属性定义为相邻的最大类别中。

对影像的小图斑进行剔除，就要先对专题影像进行计算，得到每个分类图斑的面积、记录相邻区域中最大图斑面积的分类值等操作，称为聚类统计。然后按照统计结果将剔除的小图斑合并到相邻最大分类中。最后，将各分类图斑的属性值恢复为原始分类编码，至此分类后处理基本完成。

6.3.2 基于高分辨率遥感图像的风景林亚景型分类解译

根据八达岭长城风景林自身特点，综合考虑主要功能、美学观赏、生态效益，以及长城的特殊历史意义等，将八达岭长城风景林又划分为5个亚景型，即：长城保安林、长城观光林、长城游憩林、长城陵园林、长城友谊林。由于亚景型的分类主要是依据功能进行的，所以针对亚景型的遥感分类，主要结合现地调查数据、历史资料，在大比例尺遥感影像上直接人工判读获取。具体方法是：

6.3.2.1 现地调查数据及历史资料准备

1）分析整理八达岭林场原有的历史数据，如不同年代的长城友谊林材料、长城陵园林材料。

2）根据原有的历史材料，结合现地调查，确定各亚景型具体边界。

6.3.2.2 各亚景型人工判读解译

（1）长城保安林勾绘解译

根据长城保安林的定义，其主要分布在八达岭长城沿山脊线两侧的山坡，因此勾绘时，主要根据高分辨率遥感影像的地形特征进行勾绘。以长城为中心，两边沿山坡至谷底均勾绘为长城保安林。

（2）长城观光林勾绘解译

根据长城观光林的定义，其主要分布在长城前山脸，水平距离在0.5km以内的地区。勾绘时主要考虑高分辨率遥感影像地形特征，依据长城保安林所在坡面的位置，选择长城保安林对坡面勾绘长城观光林。为了保证一个坡面的完整性，有时，虽然水平距离在0.5km以外，但仍然勾绘为长城观光林。

（3）长城游憩林勾绘解译

根据长城游憩林的定义，保安林、观光林以外的林地可以划为长城游憩林。勾绘时主要依据高分辨率遥感影像地形特征，结合风景林现地资料进行勾绘。

（4）长城陵园林勾绘解译

主要依据高分辨率遥感影像地形特征，结合八达岭陵园林规划图进行勾绘。

（5）长城友谊林勾绘解译

主要依据高分辨率遥感影像地形特征，结合长城友谊林规划图进行勾绘。

6.3.2.3 分类结果统计

分类统计结果如表6.6、表6.7、表6.8、图6.4所示，长城游憩林面积最大，为1049.3hm^2，约占总面积的49.46%，其中混交林占17.53%，针叶林占15.67%，灌木林占51.89%，阔叶林占11.87%。长城保安林次之，为534.2hm^2，其中针叶林占23.66%，混交林占27.50%，灌木林占27.26%，阔叶林占8.09%。

表6.6　亚景型分类结果斑块特征统计

Tab 6.6 The statistics results of the patch characters of the sub-scenery type classification

序号	亚景型	地类	面积（hm^2）
1	长城游憩林	其他土地	4.75
2	长城友谊林	阔叶林	1.85
3	长城观光林	阔叶林	10.39
4	长城观光林	混交林	2.77
5	长城游憩林	未成林造林地	4.82
6	长城观光林	其他灌木林地	2.65
7	长城游憩林	其他土地	3.89
8	长城观光林	混交林	3.01
9	长城游憩林	针叶林	4.99
10	长城游憩林	针叶林	1.15
11	长城游憩林	其他土地	2.86
12	长城观光林	混交林	23.91
13	长城观光林	针叶林	5.60
14	长城游憩林	混交林	6.31
15	长城观光林	其他灌木林地	28.90
16	长城游憩林	阔叶林	0.76
17	长城游憩林	其他灌木林地	6.66
18	长城陵园林	混交林	141.85
19	长城友谊林	针叶林	16.65
20	长城游憩林	混交林	26.54
21	长城游憩林	阔叶林	11.32
22	长城保安林	混交林	539.08
23	长城游憩林	其他灌木林地	32.60
24	长城游憩林	混交林	388.02
25	长城游憩林	混交林	14.98
26	长城游憩林	针叶林	22.36
27	长城观光林	其他灌木林地	29.20
28	长城观光林	混交林	10.55
29	长城观光林	针叶林	30.51
30	长城游憩林	其他灌木林地	27.85
31	长城观光林	混交林	25.28
32	长城游憩林	其他土地	8.58

（续）

序号	亚景型	地类	面积（hm^2）
33	长城游憩林	针叶林	203.26
34	长城观光林	针叶林	151.09
35	长城游憩林	混交林	155.67
36	长城观光林	阔叶林	25.88
37	长城观光林	针叶林	139.55
38	长城游憩林	其他灌木林地	28.19
39	长城游憩林	其他灌木林地	84.77

表6.7　亚景型地类面积统计

Tab 6.7 The area statistics of the sub-scenery type

亚景型	地类（hm^2）						合计
	混交林	阔叶林	其他	灌木林地	未成林造林地	针叶林	
长城保安林	146.9	43.2		145.6	72.1	126.4	534.2
（%）	27.50	8.09	0.00	27.26	13.50	23.66	100.00
长城观光林	139.2	43.7		114.3		133.5	430.7
（%）	32.32	10.15	0.00	26.54	0.00	31.00	100.00
长城陵园林	73.5					15	88.5
（%）	83.05	0.00	0.00	0.00	0.00	16.95	100.00
长城游憩林	183.9	125.6	26.1	544.5	4.8	164.4	1049.3
（%）	17.53	11.97	2.49	51.89	0.46	15.67	100.00
长城友谊林	10.5	1.9				6.2	18.6
（%）	56.45	10.22	0.00	0.00	0.00	33.33	100.00
总计	554	214.4	26.1	804.4	76.9	445.5	2121.3

表6.8　亚景型分类结果面积合计

Tab 6.8 The area summarize of the sub-scenery type classification results

序号	亚景型	面积（hm^2）	面积比例（%）
1	长城保安林	534.2	25.18
2	长城观光林	430.7	20.3
3	长城陵园林	88.5	4.17
4	长城游憩林	1049.3	49.46
5	长城友谊林	18.6	0.88
总计		2121.3	100

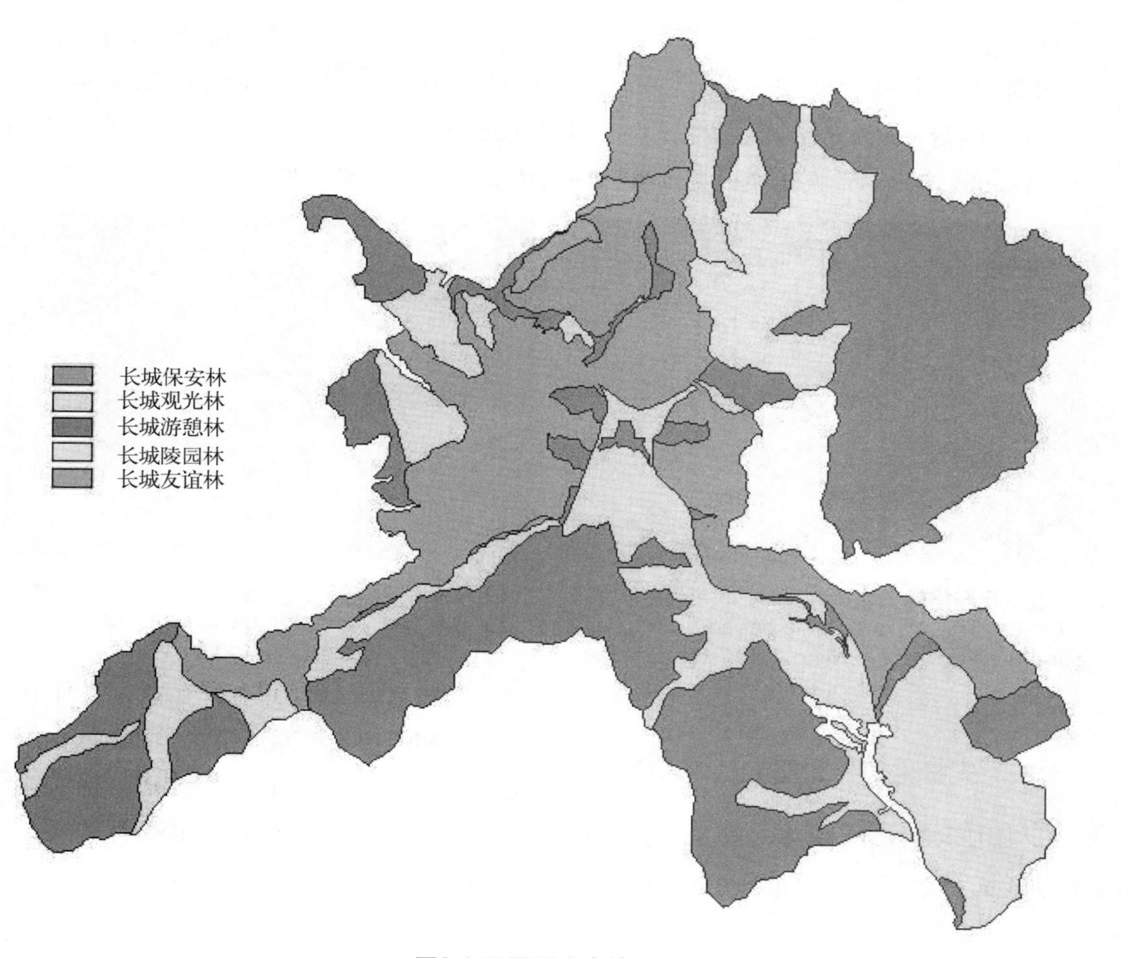

图6.4 亚景型分类结果图
Fig 6.4 The classification results of sub-scenery type

6.3.3 分类结果的矢量化过程及属性库的建立

分类后输出的分类文件是基于栅格格式的，要纳入到信息系统内进行管理，必须将其转化为矢量格式。

6.3.3.1 分类结果的矢量化

分类完成后，可直接在ERDAS中进入矢量工具界面，利用ERDAS的栅格转矢量工具，将遥感图像分类结果生成ARC/INFO格式的图层。

1）为了防止转换后图像出现大量"岛"状多边形，在转换前可对分类后图像进行平滑处理。

2）如果栅格图像有多个图层，则必须选择好用来转换的图层。

3）ERDAS只允许对图像的某个矩形区域进行栅格到矢量的转换，因此图像边缘非图像区域，也可能会生成一个新的类型。

4）确定输出矢量图层的类型为多边形（polygon）。

5）设置weed容限值，即弧段上两个点间隔的最小距离。

6）执行Raster to ARC/INFO Coverage的转换，完成转换，见图6.5。

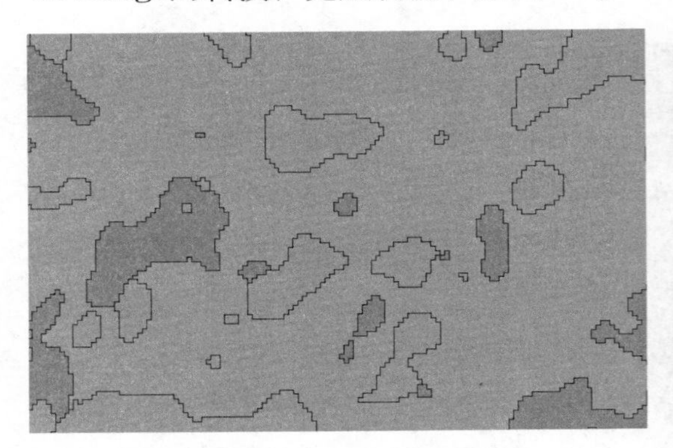

图6.5 栅格转矢量生成的Coverage文件
Fig 6.5 The Coverage file based on Arcgis generated by transforming the raster data into vector data

6.3.3.2 矢量化结果的加工及转入GIS

利用ERDAS的栅格转矢量工具所生成的矢量多边形，由于栅格方形像元的原因，多边形的边缘仍旧像锯齿一样。可以利用ERDAS的平滑选择要素工具（Smooth Selected Arcs）完成对多边形边缘锯齿的平滑，见图6.6。

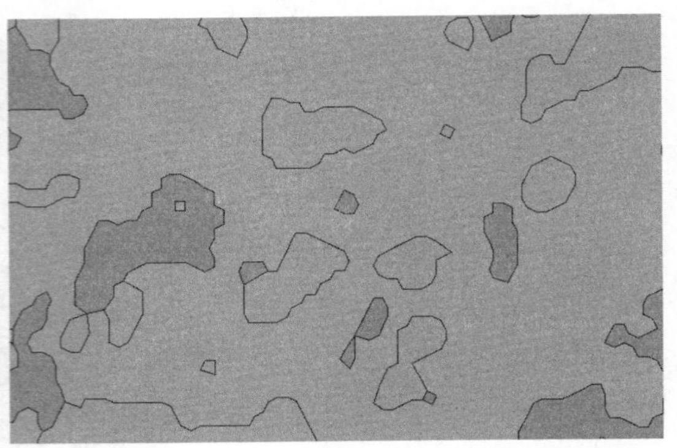

图6.6 利用平滑工具处理后的Coverage文件
Fig 6.6 The Coverage file processed by the smooth tools

平滑处理后形成Coverage文件在ARC/INFO中是不能直接编辑修改的，因此在导入GIS系统之前，应先进行格式转换，通常情况下可转换为shp文件格式比较方便。

第七章

八达岭长城风景林数字化管理平台研建

八达岭长城风景林数字化管理平台的研建，是一项系统的工作，一般地理信息系统所能解决的数据编辑、查询、统计工作，不是本研究所感兴趣的，那是一般GIS软件开发商都能够解决和维持的工作。本研究所感兴趣的是基于地理信息的定量化空间分析能力的客观性，以及这种定量化分析的结果所带来的是定量化的评价结果的客观性，最终为科学经营和规划、管理好现有的风景林资源提供决策支撑。

7.1 数字化管理平台的选择与开发

7.1.1 八达岭长城风景林数字化管理平台的选择

八达岭长城风景林数字化管理是基于ArcGIS平台的，它能够实现与MIF、DXF、SHAPE等多种图形数据文件的交换，与RS、GPS的数据也能方便地结合使用。同时ArcGIS具有强大的空间分析能力和方便的二次开发接口，为定制开发和定向分析提供了良好的环境。

7.1.2 八达岭长城风景林数字化管理平台用户定制开发

7.1.2.1 八达岭长城风景林数字化管理的需求分析

八达岭长城风景林的管理依托八达岭林场进行，八达岭林场作为一个基层生产经营单位，在信息化管理方面已经具备了一定的基础，但还没有一个针对风景林资源进行系统管理的系统。通过对八达岭长城风景林管理部门现有工作的系统分析，以及对发展的需求分析，作为辅助八达岭长城风景林日常经营活动的有效管理工具，系统必须满足以下需求：

（1）功能需求

系统必须能够管理风景林资源调查有关的基础数据信息，包括景斑数据的录入、编辑、更新、统计、查询和打印，同时还能够管理其他林业经营的相关数据，如社会经济数据，组织管理机构信息，文档资料信息以及旅游开发服务信息，等等，这些信息将构成数字风景林建设的基础资料库。其中包含了各种属性数据，能更好地表现资源状况的图形与图像，派生出来的三维图形和更丰富地表达风景林状况的多媒体数据，因此系统必须能够满足图形、图像数据、多媒体数据的管理功能需求。

（2）性能需求

除了功能上的需求，系统在一定的程度上要满足性能的需求。与风景林相关的数据具有复杂、标准化程度低、数据量大等特性，因此系统在性能上要求具有高效的数据查询功能、数据统计功能、并要求运行稳定。

（3）输入与输出需求

系统对各种属性数据输入、输出要求界面简单友好，易于使用，且能够以报表形式打印输出特定数据，还需要实现图形的矢量化输入编辑，制作输出各种专题地图。系统还需要能够与其他数据格式进行方便的信息交换。

（4）数据管理能力

风景林的经营管理过程需要大量的数据，因此风景林数字化管理系统必须具有相当强的数据管理能力。林业资源是随着经营活动的变化而变更的，系统必须能够管理多年的风景林资源管理数据。

（5）故障处理能力

系统要具有较强的故障处理能力。系统在这些方面应该从硬件与软件的角度实现故障的避免与处理。从硬件上，可以采用磁介质备份或光盘备份方式来实现。在应用系统自身的设计上要求也能实现应用数据的备份，同时程序的容错能力要强。

7.1.2.2 系统设计的目标与原则

八达岭长城风景林数字化管理信息系统的设计，根据系统建设的要求，必须遵循以下几个原则：

（1）先进性

信息技术的发展日新月异，面向基层管理部门的数字化管理系统软件的设计，应用发展的眼光考虑问题，充分考虑国内、国际上最新的信息处理技术和软件技术，为将来更系统化、标准化开展工作打好坚实的基础。

（2）稳定性

系统应稳定可靠，这包括系统的稳定性、容错能力和系统恢复能力。

（3）扩展性

随着信息化程度进一步加深，将来有可能在更广泛的范围内开展工作，因此系统设计必须考虑将来的扩展以及与其他系统的接口。

（4）易用性

考虑到系统的使用者大多数是不能深入地了解计算机与网络技术，因此系统应提供友好的人机交互界面，让林场的工作人员能迅速学会和使用。

（6）可维护性

系统的可维护性相当重要，要求开发者的有很好的软件行业管理水平，有完整的需求调查报告，总体设计、详细设计说明书，开发文档资料，测试记录，验收报告等。

（7）经济性

在系统的分析设计与实施的过程中，

要充分考虑系统建设的成本投入，既要考虑已有的设备与软件，也要考虑系统在将来的扩展性。

在硬件上，选择当前主流PC机型作为运行平台，既达到运行要求，投入也不是很大。由于数字化管理系统的平台运行有可能占有系统较多的资源，建议PC机内存应至少达到512M以上，同时要保证大量的存贮空间来实现对图形图像数据的管理。

7.1.2.3 系统总体设计

八达岭长城风景林管理系统从总体上分为以下几个层次，见图7.1。

<table>
<tr><td rowspan="5">安全体系</td><td colspan="10">八达岭长城风景林数字化管理系统</td><td rowspan="5">标准体系</td></tr>
<tr><td colspan="2">风景林资源数据日常管理系统</td><td colspan="2">风景林资源数据空间分析与决策系统</td><td colspan="2">办公自动化系统</td><td colspan="2">财务系统</td><td colspan="2">其他应用系统</td></tr>
<tr><td colspan="5">数据库管理系统</td><td colspan="5">其他系统软件</td></tr>
<tr><td colspan="10">操作系统</td></tr>
<tr><td colspan="10">计算机与网络硬件设备</td></tr>
</table>

图7.1 八达岭长城风景林管理系统总体结构设计图
Fig 7.1 The integral framework design of the management system of the Scenic forest in The Badaling Great Wall

八达岭长城风景林管理系统从总体上分为：计算机硬件与网络，系统软件，专业应用软件3个层次。每个层次的基本功能如下：

（1）计算机与网络硬件设备层

是整个系统的硬件基础，主要包含：服务器，PC机，网络通信设备等一系列硬件。

（2）系统软件层

系统软件是整个管理系统的软件支撑环境。该层主要由操作系统，数据库管理系统等系统软件组成。操作系统是系统运行的基础软件平台。数据库系统是应用系统的数据存储和管理软件平台。

（3）应用系统层

主要包括与行业相关的各种应用系统，本层软件与行业应用紧密相关，切实依据本行业的需要定制而成。该层主要由风景林资源数据日常管理系统，风景林资源数据空间分析与决策系统，办公自动化系统，财务管理系统与其他相关应用系统组成。

7.1.2.4 应用系统功能设计

当前完成的八达岭长城风景林管理系统主要由风景林资源数据日常管理系统、风景林资源数据空间分析与决策系统两大部分组成。日常管理系统主要是进行数据录入、数据查询、数据统计、图形库管理、图像库管理、报表管理、专题图制作及系统维护；分析与决策系统主要是进行空间视域分析、空间叠置分析、空间统计分析及评价与决策。系统的总体层次功能见图7.2。

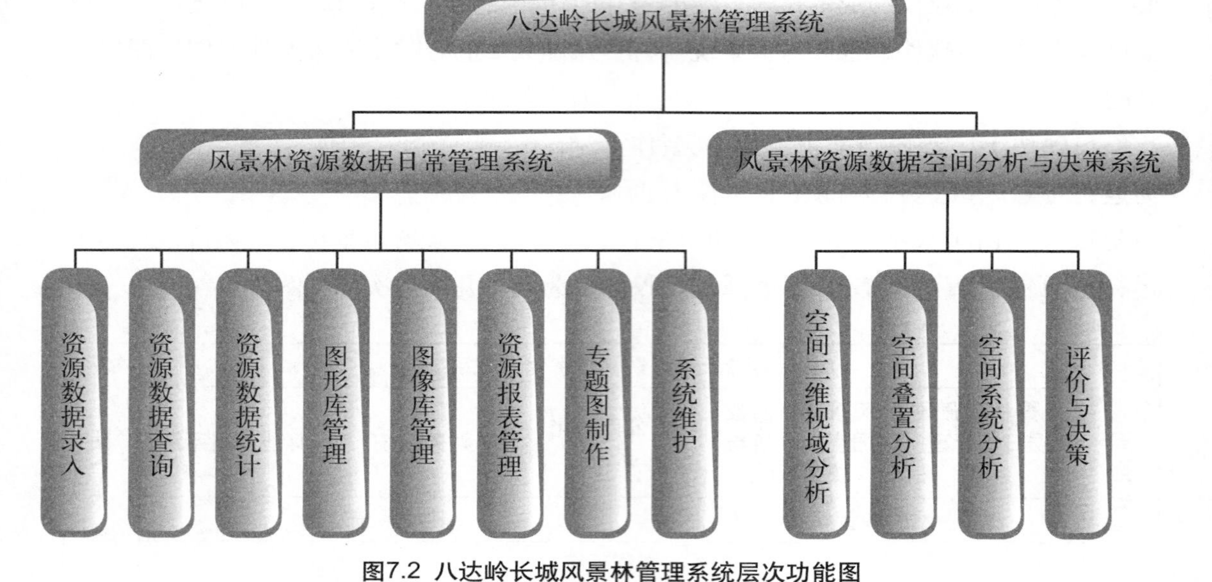

图7.2 八达岭长城风景林管理系统层次功能图

Fig 7.2 The hierarchical and the functions of the management system of the Scenic forest in The Badaling Great Wall

7.1.2.4.1 风景林资源数据日常管理功能设计

风景林资源数据管理系统的主要功能是实现风景林资源数据的输入，分析处理与资源统计报表的生成等功能，同时为风景林资源地理信息系统提供基础的资源数据。

风景林资源数据管理主要由数据录入，数据查询，数据统计，报表管理与系统维护等几部分组成。

（1）数据录入

数据录入主要实现风景林资源基础数据的录入功能，包括图形数据、图像数据、属性数据。

图形数据项目主要有：地形图、植被现状分布图、居民分布图、水系图、道路交通分布图、地质地貌图、土壤图、立地条件分布图、植被起源分布图、旅游景点分布图、规划图等。这些地图严格按照所规定数字化标准进行坐标系和投影的进行校正，经过手工数字化形成电子地图。

图像数据主要是遥感图像、航空照片、数码照片以及视频文件。

属性数据的基本项目主要有：面积，地类，林种，与土壤相关的调查因子数据；植被调查数据，如覆盖度，优势种，多度，高度等；森林调查数据，如优势树种，平均高，胸径等；更新调查数据；病虫害调查数据；森林火灾调查数据；森林旅游调查数据；古树名木调查数据等。

（2）数据查询

系统提供方便的数据查询功能，可以提供按组合条件的查询，空间数据和属性数据双向查询。

大量的风景林资源地理信息进入GIS后形成空间和属性数据库，通过空间数据和属性数据双向查询可以产生远远多于原始数据的高级的复合信息，空间查询使得用户可以从电子图面上直接检索到与图面空间地理位置相关的属性数据，空间SQL查询则可以让用户根据一定的组合条件查找到符合条件地物的空间位置。

（3）数据统计

可以分条件、指定生成哪些统计单位或哪些资源报表的统计数据或一次性完成所有的资源数据统计。

（4）报表管理

资源统计报表是风景林资源发生消长变化的最好表现。因此，资源统计报表是风景林资源数据管理系统的重要功能之一。系统实现风景林资源各类报表的统计、分析。

（5）专题图制作

按照一定条件产生出符合需要的专题地图，一般是根据基础地图的属性因子，通过对地图的选择、拼接、裁减等地理操作而生成。

经过对图形地物着色、渲染、标注、图面整饰等步骤，最终得到正式的地图布局，并采用打印机或者绘图仪等设备输出得到纸质地图。

（6）系统维护

系统管理包括了整个资源数据管理系统中相关的各种管理功能：代码维护、用户管理、数据库维护、数据导入与导出、数据格式转换等。

7.1.2.4.2 风景林资源数据空间分析与决策系统

（1）空间三维视域分析

根据地物的海拔特征得出在某一个地点能够查看到的视野范围及查看不到的盲区。如查找站在长城上某一点能够观察到的森林覆盖范围，了解哪些部位能够被看到，哪些部位看不到，对风景规划与造林设计具有重要意义。

（2）叠置分析

是指同一地区的两组或多组地物要素的图层进行叠置，其中被叠置的地物为本底，用来叠置的地物上覆本底，叠置后产生具有多重属性的新地物。如对八达岭长城风景林的土壤厚度分布图和地形地貌图进行叠加，可以得到新的斑块地图，经过进一步的分析分类，得到立地条件图。

（3）空间统计分析

根据各种存储于GIS平台上的相关数据表，按照一定的统计条件，进行一系列的统计分析，包括频率分析、综合计算等。

（4）评价与决策

根据系统所提供的定量化分析结果，按照评价项目的内涵，组合评价因子，建立定量化评价系统，并与决策模型相结合，实现评价决策的定量化、一体化和快速实现。

7.2 风景林数字化数据的转入与编辑

7.2.1 图形、图像、属性数据的转入与调整

图形数据在图形分层的基础上进行，即按照线、点或点、线的顺序把所有的地理要素进行数字化并转入。

图像数据按照规定的标准格式转入。

7.2.2 数据的编辑、修改

7.2.2.1 点编辑

点编辑就是对这些地图中点要素的编辑。系统中点要素有5种类型，即：注释、子图、圆弧、图像、版面。居民点和高程点都属于子图类型，文字注记属于注释类型。本次应用中主要是对子图和注释的编辑。对居民点和高程点符号，可以直接从子图库中提取。对其他专题号可以直接从已建立好的专题符号库中提取。

在编辑点要素时，首次检查点要素存在性，也就是说，在输入过程中，确定是否已输入进去。如果缺少时应使用输入点图元素在相应的位置上；如果在输入时，输入了多余的点元素就应该删除它。其次，检查点要素所表示的空间位置和正确性，看是否表示在规定的位置上。凡是位置不确定的点，要进行移动、复制等调整功能。最后，再复查一次前面所有操作。另外，为了提高点编辑的工作效率，进行定点的编辑。这样只要输入修改点要素的点号，该点马上显示黄色亮点，这时就可以很快完成其修改。

对于点要素参数编辑，运用系统提供的专门点参数编辑功能，它可以满足需要。如对类型、大小、颜色、角度等参数的修改。

7.2.2.2 线编辑

线状地物主要包括区域界、水系、道路、地类界线、等高线等。线编辑即指对这些线状地物进行编辑。每一种线状地物的符号直接从公共线型库或者专题线型库中提取。

系统中线编辑的功能主要有编辑指定线、输入线、删除线、移动线、复制线、剪断线、钝化线、联接线、延长缩短线、线上加点、线上删点、线上移点、造平行线、光滑线、线结点平差、参数编辑等25项功能。这些功能完全可以满足矢量化后土地利用现状图的线要素编辑修改的需要。其中，线删除、剪断、联线、加点操作是最为常用的编辑功能。

在对线进行编辑修改时，可以采取由大到小、分区修改的办法。即先编辑大地理要素的线要素，再进行小地类线要素的修改。分区是为了提高工作效率，避免重复而进行的。另外，如果在线输入的过程中，记住了线型号，可以直接输入线的序号，编辑器将此线闪烁，这时就可以直接选择该线进行编辑。例如：在图形输出过程中，输出系统报告出了错误的线元素的线序号，利用输入线型号功能将出错图元定位，很快完成修改。

线型参数包括线型、线颜色、线宽、线类型、辅助线型、辅助颜色、图层等。对它进行修改时，只需用光标捕获一线要素，该线立即闪烁起来，并出现相应的对话框，这时通过选择有关按钮即可完成对线型参数的修改。线型库操作是调用已建好的线型符号库中符号的过程，点此按钮时，线型符号库中所有的符号列出，选用所需的符号即可。另外，系统提供了一种统改参数的功能，可实现线参数的一致性过程。

7.2.2.3 面编辑

面编辑主要是对各种面状地类编辑，有时也叫区域编辑，是图形编辑中的又一很重要的环节。它包括面元的形成、面元属性编辑、面元几何数据的编辑等。这项工作是在线编辑完成以后进行的。

在面要素编辑中，系统提供了两种方法，一种是手工方式，另一种是自动化方式。在手工方式下，为了生成面首先产生构成面的闭合弧段，再由弧段通过造区来生成面。应当注意的是：弧段由矢量化采集的线经过线转弧得来，在生成面（区）之前，这些弧段应经过剪断、拓扑查错、结点平差等前期处理，否则面难以生成，即造区失败。

自动化方式产生面（区）的情况是系统提供的一个拓扑处理子系统。分别有拓扑错误检查、拓扑重建、子区搜查、线转弧、自动剪断线、自动节点平差等功能。利用自动化方式改变了人工建立拓扑关系的方法，使得面的产生、子面（区）产生等比较烦琐的工作变得相当容易。从而，大大提高了面状地物产生的工作效率。其主要工作流程如下：

①数据准备：将原始数据中那些与拓扑无关的线（如道路、田坎等）放到其他层，而将有关的线放到一层中，并将该层保存为一新文件，以便进行拓扑处理。

②拓扑处理：完成这项工作后，最好将线数据（*.wl）转为弧段数据（*.wp），并存入某一文件名下，然后将此重新装入，进行拓扑处理的工作，否则，将破坏原文件。处理工作包括设置结点搜索半径、线自动剪断、清除微短线、清除线重叠坐标、自动线结点平差、线转弧、装入转换后弧段文件、拓扑查错、拓扑自动创建等。

拓扑建立起来以后，各图斑的颜色不能代表土地利用现状的属性，它只是区别不同图斑的地理位置，所以，要对各图斑的属性、参数进行修改，赋予它们不同的土地类型。

另外，在面编辑过程中，对面（区）合并和分割是不可缺少的工作。特别是面分割用得机会更多，因为在生成拓扑过程中，存在非同一地类合并为同一地类的现象。在本次应用中，笔者按以下方法实现了面的分割：首先将系统设置为弧段可见，找出分割处或弧段未闭合处；其次，用弧段结点平差，使各弧段连接；再次，调用区分割功能，用鼠标捕捉分割处弧；最后，修改两个面参数。

7.2.2.4 属性表操作

属性库的建立是GIS的基本功能。利用GIS属性管理功能，可以获得不同地类的属性信息。利用这一功能，使不同类型的空间位置信息与属性特征紧密结合起来，实现二者之间相互检索和查询。

数据库结构建立好以后，就可以向里输入数据了。输入数据可以在属性库建立的子系统下进行，也可以在图形编辑状态下的区编辑菜单下进行。

7.2.3 图形查询

系统所建立的数据层主要是空间数

据，其图形的显示完全是以空间属性为依据的，图形与属性之间始终是对应的。所以通过图形操作可以随时查询其属性，通过属性操作也可以浏览图形。

本系统借助于ARCMAP系统所提供的查询检索工具，可以实现多种形式的图形与属性之间的相互查询与检索方法，主要包括：

1）图形信息拾取操作模式：只要选中了拾取图形信息（Show MapTips）复选框，当光标处于图形中任一窗口位置时，图形窗口将显示当前图形的指定字段信息。

2）图形信息实时查询模式：主要利用标定要素工具（Identify Features），当点击某一图形要素后，系统显示出该图形要素所有属性字段。

3）图形超链接信息查询：如果所对应的属性信息中包含某种超链接信息时，可以随时进行超链接信息查询。

7.2.4 图形要素查询

图形要素的查找操作主要有4种实现途径：①借助属性表查找；②应用查找工具查找；③通过要素属性值查找；④通过空间位置查找。

7.3 数字化数据的更新与维护

7.3.1 数据更新

长期以来，数据的更新技术一直是信息管理系统发展的一个症结所在。很多信息系统的设计最初是很成功的，但随着时间的推移，数据老化，基础数据更新跟不上发展的需要，系统就变得越来越脱离了实际的应用，以至于被淘汰。这些系统大多问题都出在数据不能及时的更新，因此数据更新成了信息系统能否存活的关键。

数据更新主要存在三个方面的问题：①新的变动数据不容易实时采集到，以至于无法完成实时更新；②变动数据虽然能够采集到，人工手动更新任务量太大，系统无法实现自动更新；③基层单位缺乏专业技术人员，数据更新无法实现。

在八达岭长城风景林数字化管理平台的建设中，为了解决数据更新问题，特提出了分步实施，区别对待，利用短周期高分辨率卫星遥感数据进行快速更新的方案，经过实际的应用，效果较好。

分布实施，即针对不同的图层、不同属性的数据，在每年不同月份，安排不同的更新内容；区别对待，即根据数据相对是否变动，将系统数据划分为固定不变数据和变动数据；变动数据又根据变动的状态分为随机性变动数据和系统变动数据，随机性变动数据又根据数据本身发生过程及频率，分为基础数据、临时数据、分析数据等。

（1）固定不变数据

主要是指地理数据，如地形数据、地质地貌数据、坡度坡向数据等，当然，所谓的固定不变只是相对而言，在短的时间内，一般用不着进行任何的更新。

（2）系统变动数据

主要是指植被的生长数据，如树木的高生长、胸径生长、材积生长等，在一定年龄阶段内，树木的高生长、胸径生长、材积生长呈现明显的规律性，根据这些规律性，建立相应的生长模型。进行数据更新时，可利用这些生长模型，让系统每年定期自动更新数据。

（3）基础数据

主要是指在一定时段内可能保持相对不变，或者其少量的变化对管理工作影响不大的数据，主要是指植被的面积数据、地类、林种、优势树种、古树名木、交通等，特别在风景区内，这种数据一般变化不明显。针对基础数据的更新，主要定期借助于高分辨率遥感影像进行快速更新。需要进行数据更新时，购买最新的影像数据，通过校正、配准，人工结合计算机产生所需要的分类图像，而后利用系统所提供的矢量转换工具，将分类影像转换为矢量图形，用最新矢量图形去快速地更新变动的基础数据。

（4）临时数据

由于特殊的原因，所产生的数据临时变动，一般面积较小，特征明显，如发生山体滑坡、旱灾、水灾、病虫害、风倒木、森林火灾等，临时数据的更新主要采用人工随时更新的办法来进行。

（5）分析数据

对已经存在的数据层，进行各种空间分析后所产生的新数据。针对分析数据的更新，系统自动进行替换和调整。

7.3.2 系统的维护

系统建立以后需要定时更新信息和维护，以保证在生产、决策过程中使用的是最新信息，主要指地图或属性信息的更新，一般分为在系统应用时发现地图错误的修改维护，或数据发生变化时的更新维护。系统数据维护方法分为直接进行属性信息的修改、用鼠标直接修改电子图面、使用GPS测量数据进行更新、或者用先在纸质地图上修改后再用数字化仪修改原地图。需要注意的是，当数据发生变化时，要将原地图或属性库进行备份，保留当前信息，这样能够对数据的动态变化有所了解，有助于分析数据的动态变化。使用中还要定期对各种有关数据进行文件备份，以确保数据的安全性。

第八章

八达岭长城风景林三维空间视域分析与空间区划

8.1 八达岭长城风景林现状

八达岭长城地区地势陡峭，大都处于山脊，平均海拔780m，最高海拔1238m，最低海拔450m，相对高差788m。气候为华北的黄土高原区，属大陆季风气候，具有半湿润半干旱暖温带气候特点，春季干旱多风沙，夏季炎热多雨，秋季天高气爽，冬季寒冷干燥，年平均气温10.8℃。该地区地下水位较低，气候干旱，降水少，水资源比较缺乏，山沟多呈干涸现象，但雨季水资源比较丰富。土壤为震旦纪花岗岩、石灰岩等母质上发育的，主要有褐土、棕壤两种土壤类型。

8.1.1 八达岭长城风景林的区划

区划风景林景斑的主要依据是风景类型、林貌特征、林分结构以及林分经营措施的共同性。风景林景斑是风景林档案的基本建档单位，也是风景林资源经营、管理和调查、统计的基本单位。本研究通过航片及实地调查在八达岭长城地区共区划景斑2741个，共计面积2227.8hm^2，景斑平均面积9.64hm^2。

8.1.2 八达岭长城风景林景斑的调查

室内通过航片划定风景林景斑后，2004年6～7月进行了实地的调查，并根据实际情况对室内景斑区划进行了校正，使区划更科学，更符合实际情况。在风景林景斑调查的过程中，严格按照要求进行，包括PDA野外地理坐标的记录、标准地的调查等，对每个景斑都进行了详细的调查，包括地类、海拔、土壤、经营类型、植被类型、优势树种等30多个因子的现状。

8.2 八达岭长城风景林三维空间视域分析

八达岭长城风景林主要分布于八达岭长城的两边，沿长城可以看到大部分的风景林资源。八达岭长城风景林除了发挥每个景斑特殊的功能（如长城保安、游憩、生态等）以外，从景观效果来考察，站在长城上来考察和评价显然是最理想的，站在长城上任何一个位置都能够看到的坡面或景斑，显然在景观上是最需要进行精心配置和点缀的。在长城上任何一个位置都看不到的坡面或景斑，在经营措施上，也许并不过多的考虑景观的配置，而是更注重生态或保安效能的发挥，甚至可能仅仅保持原有的自然状态，维护原有的功能而已。从景观效果来考察景斑的配置，与观察距离的远近关系密切。这一系列的分析和考察仅仅依靠人眼来进行描述和定性显然是不够的，那么怎样才能解决这个问题呢？GIS三维空间视域分析工具为解决这个问题就显得非常实用。

八达岭长城风景林三维空间视域分析是在虚拟环境中，沿长城定义一个虚拟“观测者”的位置，通过调整观测者的高度（height）和视程（visible range），来确定虚拟“观测者”在DEM上的可视范围，通过移动虚拟“观测者”的位置，可以获得一个连续的景观视域定量结果，从而为合理配置长城沿线景观结构提供了一个科学的依据。

8.2.1 地形三维可视化问题

地形可视化是一门以研究数字地形模型（Digital Terrain Model，DTM）或数字高程域（Digital Height Field）的显示、简化、仿真等内容的学科。除了计算机图形学外，计算几何也是它重要的基础知识。它的应用涉及GIS、虚拟现实（VR）、战场环境仿真、娱乐与游戏、地形的穿越飞行、土地管理与利用、气象数据的可视化等领域．由于地形可视化有着广阔的应用背景，所以受到了广泛的关注。国内外学者在地形可视化方面的研究主要集中在以下4个专题领域：

一个理想的virtualGIS应具有以下几个方面的特征：

1）空间数据的真实表现（如地形，环境等的真实再现，也包括对未来与过去不存在的事物的模拟表现）。

2）用户可以从任意角度进行观察、切入、实时交互，可在所选择的地理范围内、外自由移动。

3）具有基于三维空间数据库的基本GIS功能（如查询、空间分析等）。

4）可视化部分应作为用户接口一个自然而完整的部分。

8.2.2 三维空间视域分析工程数据准备

8.2.3.1 数字地形的准备

数字地形通常由等高线、规则格网和不规则三角格网3种表示方法。

（1）等高线

用等高线来表达地形表面起伏可以追溯到18世纪，它的方便性和直观性使得人们认为，在制图学历史上等高线是一项最重要的发明。等高线的表示方法被广泛应用在各种地图和地理信息系统中，它是二维手段表示三维物体的常用方法。等高线的数据结构通常是一种矢量结构，高程作为矢量的ID，在ID之后，便是等高线的XY对，如ARC/INFO的GENERATE文件。用等高线图直接生成三维地形有两种方法：一种采用称为Tiling的技术；一种是直接用Delaunay三角形对等高线上的点进行三维地形的造型。但是，等高线在点的分布上是不规则的，在地形变化平缓的地区，等高线相对稀疏，对应的点较少；而在地形变化的地方，等高线相对密集，对应的点较多。因此，等高线直接生成三维地形会留有明显的等高线的台阶痕迹，地形造型是连续光滑的（秦建新，张青年，2000）。所以通常不会采用这种方法，而将等高线转换成格网数据，这就是通常所说的数字高程模型（DEM）

（2）数字高程模型

数字高程模型（Digital Elevation Model，DEM）指的是用于描述地形表面起伏特征的表面几何模型，它是通过地形表面上一组有限的高程采样点进行描述的。

数字高程模型的分类，一般是根据构成模型的基本面元类型和数据结构特征来划分的．将三维地形模型看作是一个曲面模型，根据构成地形模型的面元类型，可以分为两大类：

1）规则格网（Regular Square Grid，RSG）地形模型。以规则格网作为构成地形模型的基本面元，最常见的规则格网是矩形格网。

2）不规则三角格网（Triangulated Irregular Network，TIN）地形模型。以三角形作为构成地形模型的基本面元。

数字高程模型（DEM）作为地球空间框架数据的基本内容和其他各种地理信息的载体，是各种地学分析的基础数据，也是GIS的基本内容，特别是GIS中的三维可视化更是离不开DEM。

8.2.3.2 三维建模

8.2.3.2.1 地形建模的基本问题

地形建模的基本问题是如何根据给定的地形数据（如等高线数据、DEM数据等），有效地建立逼真表示地形表面的曲面模型。

关于地形建模的研究从20世纪60年代延续至今，主要围绕两个方面展开：一是如何提高建模的速度；二是如何改进模型的精度。

（1）建模的速度

虽然计算机的处理能力在不断提高，但需要处理的数据量也越来越大，越来越复杂。优化算法，提高建模速度一直是研究人员关心的问题，已有许多成熟的算法。目前，提高算法效率的基本方法是提高建模过程中的查询效率，如采用数据分块的方法。

在基于等高线数据生成规则格网模型时，建模的速度除了与插值算法有关外，在很大程度上取决于如何快速找到所需要的格网点周围等高线上的点，这在进行大范围基于等高线数据的规则格网建模中显得十分重要。因为需要插值的格网点的高程往往并非与数据源中所有的点都相关，而只需要找到格网点周围等高线上的点，然后进行插值计算。如果采用盲目搜索法，对于一个M×N格网，等高线的数据量是S，在最坏的情况下，其算法的复杂度是O（M×N×S）。当S很大时，就无法忍受。如果采用分块的方法来组织数据，其时间的复杂度可降为O（M*N

+P），P是每个块里的数据。也有人对这种方法进行了改进，采用与格网尺寸一样大小的块来划分，但这种方法容易出现数据的“跑偏”，即当插值点附近的离散点分布不均匀时，内插出的高程值容易失真。同时，块越小，内存的消耗就越大，这对于大范围和大数据量等高线的格网插值是不可行的。

目前，在提高算法效率上最有效的方法是并行算法，所谓并行算法是多个并发进程的集合，这些进程同时并相互协作地运行，从而达到对给定问题的求解。但并行算法需要特殊的设备、相应的算法，没有得到广泛的应用。

（2）模型的精度

自20世纪60年代以来，人们一直关注插值方法对DEM精度的影响，出现了大量的插值算法，不同的插值算法对于地形模型的精度影响是比较明显的，插值函数自身的性质决定了一定的插值效果。但是只用插值方法来提高原始数据所带来的信息量和改善生成的地形模型的逼真度，其能力是有限的。

改善原始数据质量是提高DEM建模精度的有效方法。原始数据中采样点的密度直接影响到DEM的精度，可以在原始数据中加入高程点、控制点数据；还可以通过采集或由已有数据得到地形表面的特征（Specific Feature）数据（地形单点、构造线、边界线、断裂线等），并将这些特征数据加入到原始数据中参与建模，可以取得良好的效果；另外，在以等高线为数据源进行地形建模时，对于给定等高距的等高线数据，并不能插值出任意分辨率的地形模型，等高距与地形模型的分辨率之间存在一定的关系。一般来说，等高距越小，能够插值出的地形模型精度越高。

8.2.3.2.2 GIS中地形建模的基本问题

GIS中关于地形建模的研究起步较早，其发展主要受到了计算机处理能力的限制。在GIS中，数字地形建模技术已被广泛用来代替传统的等高线实现对地形表面的数字描述。

GIS中传统的地形建模问题主要集中在研究不同结构类型的地形模型之间的转换，如由等高线生成规则格网地形模型，由规则格网地形模型生成不规则三角格网地形模型等。随着应用的需求和计算机技术的发展，关于地形模型的研究又出现了一些新的内容，如地形模型简化、多分辨率地形模型建模等。

对于当前的二维GIS来说，地形建模的主要问题是建立数学精度高、描述地形特征的地形模型。地形模型的精确度主要体现在基于模型的数学量算精度和地形特征的表达程度。可以来用优化的插值算法、在建模的过程中考虑地性线的表示等方法来改进地形模型的精度。因为GIS最基本的功能之一就是能准确表达空间信息的相互关系。除此之外，空间分析是GIS的核心功能，要使空间分析，特别是地形分析的结果满足一定的精度要求，就必须首先建立能够准确描述地表形态的地形模型。否则，基于地形模型进行的有关地理信息的查询、分析的结果是不可信的。

8.2.3.2.3 基于等高线的规则格网

基于等高线数据生成规则格网（Regular Square Grid，RSG）地形模型是地图学领域一个传统的研究问题。随着GIS的广泛应用，由等高线生成RSG地形模型在许多应用领域有着迫切的需求。根据等高线生成RSG DEM有3种方法：等高线离散化法、等高线直接内插法、等高线构建TIN法。

（1）等高线离散化方法

将等高线离散化后，采用一定的算法如距离加权法，可以生成RSG DEM这种方式很简单，思路直观，建模速度快。但是这种方法只独立地考虑了离散化后的每一个点，而没有考虑等高线所表达的地形特征，所以生成的地形模型会出现偏离实际地形的情况。

（2）等高线直接内插法

实际应用中通常使用两种方法：一种是沿预定轴方向的等高线直接内插方法，预定轴的数目可以是一条、两条、或四条。首先计算这些轴与相邻等高线的交点，然后利用这些交点采用一定的插值方法来生成RSG DEM。

等高线直接内插法在一定程度上考虑了等高线所表达的地形特征，所生成的规则格网DEM的效果要优于前一种方法。但是，这种方法在等高线信息缺乏时，内插的结果是不可靠的。它的另一个明显缺点是计算效率根低，导致建模速度很慢。

（3）等高线构建TIN法

这种方法首先由等高线生成TIN，再由TIN进行快速内插生成RSG。与前面两种方法相比较，等高线构建TIN法在精度和效率方面都是最优的。因为在建立TIN时可以充分考虑等高线所表达的地形特征，可以灵活地运用任意复杂的图形数据，运行速度快，建模效率高。

Arc/Info模块采用的就是等高线构建TIN法。先将等高线数据生成Delaunny三角网，然后再根据已有的 Delaunny三角网进行格网插值。

8.2.3.2.4 栅格式GIS的数据结构

ERDAS是国际上流行的栅格式GIS，ERDAS IMAGINE不仅保存了其遥感图像处理方面的强大优势，而且还加入了大量GIS空间分析功能，如多层数据叠加(Overlay)、地形分析(Topographic Analysis)等，并且还能不需转换地直接接受和处理矢量式GIS-ARC/INFO的Coverage数据，因此，是名副其实的遥感GIS一体化系统。

在ERDAS系统中，第三维(z)信息的表达统一采用栅格式属性编码方式，即将第三维信息Z当作一个属性特征来对待，相应的三维数据结构为：

头文件信息(Header)：记录栅格文件的网格大小x_cell，y_cell，文件类型［专题型(Thematic)或连续表面型(continous)］，属性码记录方式，统计信息，投影信息，地图坐标与文件像元位置对照表等。

三维属性阵列：

	Col(1)	Col(2)	……	Col(n)
Row(m)	·	·	……	·
Row(2)	·	·	……	·

Row(1)　　·　　·　……　·

利用ERDAS的表面建模功能(3DSurfacing)转换或内插ASCII数据。3DSurfacing产生的数据结构即为ERDAS的数据结构(IMG)。如果在Surfacing中选择的网格尺度与原始数据网格尺度一致，则Surfacing只相当于进行了数据结构转换。实质上通过设置栅格尺寸，Surfacing通过内插可以产生任意所需空间尺度的信息。经过转换，可以形成任意数目的静态三维表面数据(如果机器空间允许的话)(刘学，王兴奎，1999)

8.2.3.3 三维空间视域分析方法

ERDAS IMAGINE的Virtual GIS—虚拟三维显示的可视化分析模块，是强大的三维可视化分析工具，它超越了简单的三维显示和建立简单飞行，可以在真实的模拟地理信息环境中进行显示、查询、分析，可以快速地建立用户的三维场景，制作三维地貌影像图及可视化文件。

8.2.3.3.1 DEM数据获取与生成

目前常用的获取DEM数据的方法有3种：

1）用RADASAT立体像对图像提取DEM。

2）用SPOT立体像对图像提取DEM。

3）用高程数据生成DEM。

用RADASAT及SPOT图像对提取DEM，最大的优点是数据更新快，但是购买立体像对数据的费用较高，一般的研究项目难以承受；用SPOT立体像对的DEM，其误差在X，Y，Z三个方向均在10m左右。用高程数据生成DEM精度高于立体像对提取的DEM，且购买数据的费用较低，但是由于受地形图的限制，它的更新很难，仅对于高程变化不大的地区适用。

本文生成DEM使用的数据源是高程数据。高程数据包含如下地形特征要素：①高程点，②等高线，③沟谷线（即水系网络），④河流、山脊陡崖等（作为硬断线）。对于坡度变化较大且等高线较稀疏的区域，需要对等高线做加密处理。

生成DEM有两种方法：

1）利用高程数据在ArcGis 9.10中生成TIN，再将TIN转换为DEM。

2）用ERDAS IMAGINE提供的功能直接生成DEM。

在遇到有硬断线数据层时，软件生成的DEM更符合实际地形特征，它在生成TIN时对点、软断线有不同的插值处理方法，保证生成DEM在最大程度上拟合实际的地形特征。

八达岭长城风景林的数字地形模型(DEM)采用1∶10000比例尺的地图经等高线矢量化后，生成DEM。

8.2.3.3.2　空间视域分析点选择

空间视域分析点主要沿长城和高速公路定义“观测者”的位置，具体结果如表8.1所示，分析点分布情况见图8.1。研究中，共选取了35个观测点。其中，26个点分布在八达岭长城烽火台上，另9个点均匀分布在穿越八达岭整个风景区的八达岭高速路上。

表8.1 空间视域分析点统计表

Tab 8.1 The statistics of spatial region

序号	点描述	X坐标	Y坐标	点高程	视程范围1	视程范围2	视程范围3	视域范围
1	长城城楼	412827.1	4467047	882	500	1000	2000	360
2	长城城楼	413056.3	4467007	852	500	1000	2000	360
3	长城城楼	413540.2	4466959	1020	500	1000	2000	360
4	长城城楼	414700.7	4467640	770	500	1000	2000	360
5	长城城楼	414362.4	4467436	811	500	1000	2000	360
6	长城城楼	415017.3	4468102	853	500	1000	2000	360
7	长城城楼	415235.5	4468473	765	500	1000	2000	360
8	长城城楼	415366.5	4468549	811	500	1000	2000	360
9	长城城楼	415239.2	4468968	834	500	1000	2000	360
10	长城城楼	415497.5	4469161	735	500	1000	2000	360
11	长城城楼	415672.1	4469502	705	500	1000	2000	360
12	长城城楼	415995.9	4469612	800	500	1000	2000	360
13	长城城楼	416166.9	4469804	815	500	1000	2000	360
14	长城城楼	416141.4	4470026	880	500	1000	2000	360
15	长城城楼	416356.1	4470128	905	500	1000	2000	360
16	长城城楼	416512.5	4469728	761	500	1000	2000	360
17	长城城楼	416450.7	4469546	718	500	1000	2000	360
18	长城城楼	416294.2	4469306	742	500	1000	2000	360
19	长城城楼	416723.5	4468808	659	500	1000	2000	360
20	长城城楼	417076.4	4468680	765	500	1000	2000	360
21	长城城楼	417072.8	4468462	721	500	1000	2000	360
22	长城城楼	416909.1	4467858	667	500	1000	2000	360
23	长城城楼	417411.1	4467687	630	500	1000	2000	360
24	长城城楼	417822.2	4467396	605	500	1000	2000	360
25	长城城楼	418735.4	4467269	710	500	1000	2000	360
26	高速点	415981.4	4468808	599	500	1000	2000	360
27	高速点	416210.6	4468593	605	500	1000	2000	360
28	高速点	416287	4468276	603	500	1000	2000	360
29	高速点	416588.9	4467694	581	500	1000	2000	360
30	高速点	417476.6	4467160	534	500	1000	2000	360
31	高速点	417713.1	4467003	514	500	1000	2000	360

(续)

序号	点描述	X坐标	Y坐标	点高程	视程范围1	视程范围2	视程范围3	视域范围
32	高速点	417909.6	4466257	502	500	1000	2000	360
33	高速点	417953.2	4465915	483	500	1000	2000	360
34	高速点	418262.5	4465577	440	500	1000	2000	360
35	长城城楼	412472.2	4466834	970	500	1000	2000	360

8.2.3.3.3 空间视域分析的实现过程

(1) 空间视域分析数据准备

1）在ERDAS virtualGIS中新建一个虚拟世界（Virtual World），并产生一个虚拟世界文件（*.vwf），这为空间数据视域分析提供一个平台。

2）向虚拟世界加载DEM数据并建立虚拟世界的拓扑关系（Build All），这样可以使DEM按多分辨率叠加显示。

3）在VirtualGIS中显示虚拟世界，通过Level of Detail Control，调整三维显示详细程度，并在二维窗口中显示。

(2) 生成多层视域数据

1）沿长城轮廓线，调整观测者的位置，设置平面位置、高度位置、视程范围、视域范围，生成第一层视域数据（Create First View Shed Layer）。

根据视觉主体与客体的距离，结合视域分析及具体的实际情况，以满足近景的丰富度及远景的底色衬托的景观要求，鉴于八达岭地区风景林景观的视景特点，视程范围可分为近景（500m内）、中景（500～1000m内）、远景（1000～2000m）三个层次进行。观测者的平面位置和高度位置设置主要依据长城碉楼的坐标、高程属性数据进行布设，共设置6个观测点。

2）相同方法调整观测者的位置，生成第二层视域数据（Create Second View Shed Layer）。

3）在二维窗口中显示两个视域层的通视性及其相互关系。红色圆形视域线表示观测者的视域范围，视域范围内的深蓝色表示位于两个观测者视域范围内的坡面，而浅蓝色表示只能被一个观测点看到的坡面，而本底色表示观测者看不到的盲区。

4）保存视域分析数据为视域图像文件。

(3) 虚拟世界视域数据显示、编辑

1）加载视域文件到虚拟世界三维视域中。

2）建立拓扑关系，将视域文件集成到视域文件中。

3）调整视景特性，突出视域显示场景。

4）编辑视域栅格数据属性表，生成可视区域面积、遮挡区域面积、共同视域范围面积及其三维显示颜色。

8.2.3.3.4 空间视域分析结果

通过对35个虚拟“观测点”近景、中景、远景的分析，得出了一系列空间视域分析图及统计结果如下：

2000m视程范围最多可以从18个点同时看到一块目标，1000m视程范围最多可以从10个点同时看到一块目标，500m视程范围最多可以从6个点同时看到一块目标。

（1）近景观测

在500m的视域范围内，35个点的总视域面积为451.926hm^2，近景观测情况见表8.2及图8.2、图8.3、图8.4、图8.5、图8.6所示，盲区面积为518.41hm^2，占总观测面积的39.88%，仅有1个观测点能够看到的视域范围面积为453.03hm^2，占总视域面积的34.85%，在2个观测点视域范围内可以同时看到的面积为236.86hm^2，占总视域面积的18.22%，其他7.06%的面积为3个以上观测点可以同时看到的区域，从景观设计来考虑，也是最主要的区域。

在近景分析结果中产生了八级分析结果，为了分析的方便，研究中将面积特别小的区域合并，最终合并为4级分析结果，如表8.2所示，3～7个点都能同时观测到的区域，合并为1级区，仅2个点能观测到的区域，为2级区，仅1个点能观测到的区域，为3级区，盲区为4级区域。

表8.2　近景视域分析结果统计

Tab 8.2 The statistics of the close-range view shed analysis result

类型	分级	频率	面积(hm^2)	%
盲区	4	200049	518.41	39.88
在1个观测点视域范围内	3	174820	453.03	34.85
在2个观测点视域范围内	2	91403	236.86	18.22
在3个观测点视域范围内		27382	70.96	5.46
在4个观测点视域范围内		5721	14.83	1.14
在5个观测点视域范围内	1	1740	4.51	0.35
在6个观测点视域范围内		453	1.17	0.09
在7个观测点视域范围内		96	0.25	0.02
合计		501664	1300.02	100.00

（2）中景观测

在1000m的视域范围内，35个点的总视域面积为2601.06hm^2，中景观测情况见表8.3及图8.7、图8.8、图8.9、图8.10、图8.11所示，盲区面积为1130.19hm^2，占总观测面积的43.45%，仅有1个观测点能够看到的视域范围面积为575.83hm^2，占总视域面积的22.14%，在2个观测点视域范围内可以同时看到的面积为449.84hm^2，占总视域面积的17.29%，在3个观测点视域范围内可以同时看到的面积为236.18hm^2，占总视域面积的9.08%，其他8.04%的面积为4个以上观测点可以同时看到的区域。

在中景分析结果中产生了15级分析结果，为了分析的方便，在研究中，将面积特别小的区域合并，最终合并为4级分析结果，如表8.3所示，4～14个点都能同时观测到的区域，合并为1级区，占总面积

表8.3　中景视域分析结果统计

Tab 8.3 The statistics of the mediumshot view shed analysis result

类型	分级	频率	面积(hm^2)	%
盲区	4	436128	1130.19	43.45
在1个观测点视域范围内	3	222205	575.83	22.14
在2个观测点视域范围内	2	173588	449.84	17.29
在3个观测点视域范围内		91139	236.18	9.08
在4个观测点视域范围内	1	42263	109.52	4.21
在5个观测点视域范围内		17560	45.51	1.75
在6个观测点视域范围内		10194	26.42	1.02
在7个观测点视域范围内		7220	18.71	0.72
在8个观测点视域范围内		2384	6.18	0.24
在9个观测点视域范围内		782	2.03	0.08
在10个观测点视域范围内		204	0.53	0.02
在11个观测点视域范围内		41	0.11	0.00
在12个观测点视域范围内		8	0.02	0.00
在13个观测点视域范围内		3	0.01	0.00
在14个观测点视域范围内		1	0.00	0.00
总面积		1003720	2601.06	100.00

的8.04%，仅2～3个点能同时观测到的区域，为2级区，仅1个点能观测到的区域，为3级区，盲区为4级区域。

（3）远景观测

在2000m的视域范围内，35个点的总视域面积为4952.61hm^2，其分析结果如表8.4及图8.12、图8.13、图8.14、图8.15、图8.16所示。盲区面积为2582.77hm^2，占总观测面积的52.15%，仅有1个观测点能够看到的视域范围面积为665hm^2，占总视域面积的13.43%，在2个观测点视域范围内可以同时看到的面积为476.39hm^2，占总视域面积的9.62%，在3个观测点视域范围内可以同时看到的面积为404.01hm^2，占总视域面积的8.16%，其他16.65%的面积为4个以上观测点可以同时看到的区域。

在中景分析结果中产生了24级分析结果，最终合并为4级分析结果，如表8.4所示，4～24个点都能同时观测到的区域，合并为1级区，占总面积的16.65%，仅2～3个点能同时观测到的区域为2级区，仅1个点能观测到的区域，为3级区，盲区为4级区域。

表8.4 远景视域分析结果统计

Tab 8.4 The statistics of the prospective view shed analysis result

类型	分级	频率	面积(hm²)	%
盲区	4	996663	2582.77	52.15
在1个观测点视域范围内	3	256615	665.00	13.43
在2个观测点视域范围内	2	183835	476.39	9.62
在3个观测点视域范围内		155902	404.01	8.16
在4个观测点视域范围内	1	109721	284.33	5.74
在5个观测点视域范围内		62737	162.58	3.28
在6个观测点视域范围内		45577	118.11	2.38
在7个观测点视域范围内		30888	80.04	1.62
在8个观测点视域范围内		22282	57.74	1.17
在9个观测点视域范围内		13377	34.67	0.70
在10个观测点视域范围内		10199	26.43	0.53
在11个观测点视域范围内		7565	19.60	0.40
在12个观测点视域范围内		5946	15.41	0.31
在13个观测点视域范围内		4685	12.14	0.25
在14个观测点视域范围内		2353	6.10	0.12
在15个观测点视域范围内		1317	3.41	0.07
在16个观测点视域范围内		834	2.16	0.04
在17个观测点视域范围内		308	0.80	0.02
在18个观测点视域范围内		189	0.49	0.01
在19个观测点视域范围内		98	0.25	0.01
在20个观测点视域范围内		36	0.09	0.00
在21个观测点视域范围内		25	0.06	0.00
在22个观测点视域范围内		1	0.00	0.00
在23个观测点视域范围内		3	0.01	0.00
总面积		1911156	4952.61	100.00

近景、中景、远景视域分析结果共产生了12级分析，为了分析方便，将12级分级结果分别赋值，将近景、中景、远景三种视域分析结果进行叠加，对叠加结果再进行重新分级，从而获得视域分析综合分级结果。

1）近景、中景、远景视域分析结果12级分级结果赋值权重的定义，见表8.5，赋值的大小主要根据视域距离的远近结合分级高低来进行，近景在景观配置方面是最重要的，因此所占权重最大，中景从景观角度来考虑，属于视觉的调整过渡区，权重为中等，远景从景观角度来考虑，属于背景景观，重要程度最低，权重最小。

表8.5　12级分级结果赋值权重

Tab 8.5 The results of the multi-level weight for 12 levels

序号		分级	赋值
1	近景	1	12
2		2	11
3		3	10
4		4	3
5	中景	1	9
6		2	7
7		3	5
8		4	2
9	远景	1	8
10		2	6
11		3	4
12		4	1

2）视域分析综合分级

根据近景、中景、远景三种视域分析结果叠加结果，得分最大的景斑为28分，最小的为1分，在进行重新分级时，首先考虑的也应该是距离的远近，综合得分在20分以上的景斑，必定有近景要素中前3级要素参与的计算，所以将综合得分20～28范围内的景斑确定为近景多视角特效一级区，综合得分10～19范围内的景斑确定为中景宽视角增效二级区，综合得分1～9范围内的景斑确定为远景广视角补效三级区，分级结果见表8.6，分级分布图见图8.17。

表8.6　视域分析结果分级统计表

Tab 8.6 The grading statistics of the view shed analysis

序号	叠加结果值	三级分级结果
1	28	近景多视角特效一级区
2	27	
3	26	
4	25	
5	24	
6	23	
7	22	
8	21	
9	20	
10	19	中景宽视角增效二级区
11	18	
12	17	
13	16	
14	15	
15	14	
16	13	
17	12	
18	11	
19	10	
20	9	远景广视角补效三级区
21	8	
22	7	
23	6	
24	5	
25	4	
26	3	
27	2	
28	1	

8.3 叠加分析

叠加分析（Overlay）是根据两个输入分类专题图像文件或矢量图形文件数据的最小值或最大值，产生一个新的综合图像文件，系统所提供的叠加选择项允许您提前对数据进行处理，可以根据需要掩膜剔除一定的数值。

本研究主要利用视域分析结果与风景林现状专题图（如立地条件、现状植被分布、森林起源等）进行叠加，从而获得新的斑块及不同的专题信息，从而为更科学的经营好现有风景林提供决策依据。

1）选择视域分析结果三级分类图与亚景型及基础图形数据立地条件、现状植被分布、森林起源数据进行叠加，从而产生新的区划斑块。如图8.18、图8.19、图8.20、图8.21所示，叠加立地类型权重分级赋值及叠加分析前编码设置，见表8.7、表8.8、表8.9、表8.10、表8.11、表8.12。

表8.7　视域分析叠加立地类型权重分级赋值表

Tab 8.7 The multi-level weight of stand types with view shed overlay analysis

序号	立地类型	景斑数	分级
1	中阴厚	2	好
2	中低山沟谷	18	
3	低阴中松	49	中
4	中阴中松	16	
5	低阳中松	44	
6	中阳中松	8	
7	低阴中坚	12	
8	中阴中坚	2	
9	低阳中坚	16	
10	中阳中坚	4	
11	低阴薄松	10	差
12	中阴薄松		
13	低阳薄松	12	
14	中阳薄松	4	
15	低阴薄坚	9	
16	中阴薄坚	2	
17	低阳薄坚	11	
18	中阳薄坚	3	

表8.8　亚景型图叠加分析前图形编码设置

Tab 8.8 The fractal image coding of sub-scenery type for overlay analysis

亚景型	图形编码
长城保安林	100000
长城观光林	200000
长城游憩林	300000
长城陵园林	400000
长城友谊林	500000

表8.9　立地条件图叠加分析前图形编码设置

Tab 8.9 The fractal image coding value of sites condition for overlay analysis

立地条件	图形编码
好	10000
中	6000
差	3000

表8.10　起源图叠加分析前图形编码设置

Tab 8.10 The fractal image coding of the origin map for overlay analysis

起源	图形编码
天然林	1000
人工林	500

表8.11　现有植被状况图叠加分析前图形编码设置

Tab 8.11 The fractal image coding of the distribution of present vegetation for overlay analysis

现有植被状况	图形编码
混交林	100
针叶林	80
阔叶林	60
灌木林地	40

（续）

现有植被状况	图形编码
未成林造林地	20
非林地	10

表8.12　视域分析结果图叠加分析前图形编码设置

Tab 8.12 The fractal image coding of the view shed overlay analysis

视域分析结果	图形编码
近景多视角特效一级区	3
中景宽视角增效二级区	2
远景广视角补效三级区	1

2）叠加分析后共产生2741个景班，统计共形成119种景班类型，如表8.13所示。

表8.13　叠加分析结果重编码

Tab 8.13 The recoding of the overlay analysis

序号	亚景型	视域分析结果	立地	起源	现有植被状况	叠加分析结果重编码
1	长城保安林	近景多视角特效一级区	中	天然林	灌木林地	107043
2	长城保安林	近景多视角特效一级区	差	天然林	灌木林地	104043
3	长城保安林	近景多视角特效一级区	中	人工林	混交林	106603
4	长城保安林	近景多视角特效一级区	差	人工林	混交林	103603
5	长城保安林	近景多视角特效一级区	中	人工林	阔叶林	106563
6	长城保安林	近景多视角特效一级区	差	人工林	阔叶林	103563
7	长城保安林	近景多视角特效一级区	中	人工林	针叶林	106583
8	长城保安林	远景广视角补效三级区	中	天然林	灌木林地	107041
9	长城保安林	远景广视角补效三级区	差	天然林	灌木林地	104041
10	长城保安林	远景广视角补效三级区	中	人工林	混交林	106601
11	长城保安林	远景广视角补效三级区	差	人工林	混交林	103601
12	长城保安林	远景广视角补效三级区	中	人工林	阔叶林	106561
13	长城保安林	远景广视角补效三级区	差	人工林	阔叶林	103561
14	长城保安林	远景广视角补效三级区	中	人工林	针叶林	106581
15	长城保安林	中景宽视角增效二级区	中	天然林	灌木林地	107042

（续）

序号	亚景型	视域分析结果	立地	起源	现有植被状况	叠加分析结果重编码
16	长城保安林	中景宽视角增效二级区	差	天然林	灌木林地	104042
17	长城保安林	中景宽视角增效二级区	中	人工林	混交林	106602
18	长城保安林	中景宽视角增效二级区	差	人工林	混交林	103602
19	长城保安林	中景宽视角增效二级区	中	人工林	阔叶林	106562
20	长城保安林	中景宽视角增效二级区	差	人工林	阔叶林	103562
21	长城保安林	中景宽视角增效二级区	中	人工林	针叶林	106582
22	长城观光林	近景多视角特效一级区	中	天然林	灌木林地	207043
23	长城观光林	近景多视角特效一级区	中	天然林	灌木林地	204043
24	长城观光林	近景多视角特效一级区	中	人工林	混交林	206603
25	长城观光林	近景多视角特效一级区	差	人工林	混交林	203603
26	长城观光林	近景多视角特效一级区	好	天然林	阔叶林	211063
27	长城观光林	近景多视角特效一级区	好	人工林	阔叶林	210563
28	长城观光林	近景多视角特效一级区	中	天然林	阔叶林	207063
29	长城观光林	近景多视角特效一级区	好	人工林	针叶林	210583
30	长城观光林	近景多视角特效一级区	中	人工林	针叶林	206583
31	长城观光林	近景多视角特效一级区	差	人工林	针叶林	203583
32	长城观光林	远景广视角补效三级区	中	天然林	灌木林地	207041
33	长城观光林	远景广视角补效三级区	差	天然林	灌木林地	204041
34	长城观光林	远景广视角补效三级区	好	人工林	混交林	210601
35	长城观光林	远景广视角补效三级区	中	人工林	混交林	206601
36	长城观光林	远景广视角补效三级区	好	天然林	阔叶林	211061
37	长城观光林	远景广视角补效三级区	好	人工林	阔叶林	210561
38	长城观光林	远景广视角补效三级区	中	天然林	阔叶林	207061
39	长城观光林	远景广视角补效三级区	好	人工林	针叶林	210581
40	长城观光林	远景广视角补效三级区	中	人工林	针叶林	206581
41	长城观光林	远景广视角补效三级区	差	人工林	针叶林	203581
42	长城观光林	中景宽视角增效二级区	中	天然林	灌木林地	207042
43	长城观光林	中景宽视角增效二级区	差	天然林	灌木林地	204042
44	长城观光林	中景宽视角增效二级区	中	人工林	混交林	206602
45	长城观光林	中景宽视角增效二级区	好	天然林	阔叶林	211062
46	长城观光林	中景宽视角增效二级区	好	人工林	阔叶林	210562
47	长城观光林	中景宽视角增效二级区	中	天然林	阔叶林	207062

（续）

序号	亚景型	视域分析结果	立地	起源	现有植被状况	叠加分析结果重编码
48	长城观光林	中景宽视角增效二级区	好	人工林	针叶林	210582
49	长城观光林	中景宽视角增效二级区	中	人工林	针叶林	206582
50	长城观光林	中景宽视角增效二级区	差	人工林	针叶林	203582
51	长城陵园林	近景多视角特效一级区	中	人工林	混交林	406603
52	长城陵园林	近景多视角特效一级区	差	天然林	混交林	404103
53	长城陵园林	近景多视角特效一级区	差	人工林	混交林	403603
54	长城陵园林	近景多视角特效一级区	差	人工林	针叶林	403583
55	长城陵园林	远景广视角补效三级区	差	人工林	混交林	403601
56	长城陵园林	中景宽视角增效二级区	中	人工林	混交林	406602
57	长城陵园林	中景宽视角增效二级区	差	天然林	混交林	404102
58	长城陵园林	中景宽视角增效二级区	差	人工林	混交林	403602
59	长城陵园林	中景宽视角增效二级区	差	人工林	针叶林	403582
60	长城游憩林	近景多视角特效一级区	中	天然林	灌木林地	307043
61	长城游憩林	近景多视角特效一级区	差	天然林	灌木林地	304043
62	长城游憩林	近景多视角特效一级区	中	天然林	混交林	307103
63	长城游憩林	近景多视角特效一级区	中	人工林	混交林	306603
64	长城游憩林	近景多视角特效一级区	差	人工林	混交林	303603
65	长城游憩林	近景多视角特效一级区	好	天然林	阔叶林	311063
66	长城游憩林	近景多视角特效一级区	好	人工林	阔叶林	310563
67	长城游憩林	近景多视角特效一级区	中	天然林	阔叶林	307063
68	长城游憩林	近景多视角特效一级区	好	人工林	针叶林	310583
69	长城游憩林	近景多视角特效一级区	中	人工林	针叶林	306583
70	长城游憩林	近景多视角特效一级区	差	人工林	针叶林	303583
71	长城游憩林	远景广视角补效三级区	中	天然林	灌木林地	307041
72	长城游憩林	远景广视角补效三级区	差	天然林	灌木林地	304041
73	长城游憩林	远景广视角补效三级区	中	天然林	混交林	307101
74	长城游憩林	远景广视角补效三级区	中	人工林	混交林	306601
75	长城游憩林	远景广视角补效三级区	差	人工林	混交林	303601
76	长城游憩林	远景广视角补效三级区	好	人工林	阔叶林	310561
77	长城游憩林	远景广视角补效三级区	中	天然林	阔叶林	307061
78	长城游憩林	远景广视角补效三级区	好	人工林	针叶林	310581
79	长城游憩林	远景广视角补效三级区	中	人工林	针叶林	306581

（续）

序号	亚景型	视域分析结果	立地	起源	现有植被状况	叠加分析结果重编码
80	长城游憩林	中景宽视角增效二级区	中	天然林	灌木林地	307042
81	长城游憩林	中景宽视角增效二级区	差	天然林	灌木林地	304042
82	长城游憩林	中景宽视角增效二级区	中	天然林	混交林	307102
83	长城游憩林	中景宽视角增效二级区	中	人工林	混交林	306602
84	长城游憩林	中景宽视角增效二级区	差	人工林	混交林	303602
85	长城游憩林	中景宽视角增效二级区	好	天然林	阔叶林	311062
86	长城游憩林	中景宽视角增效二级区	好	人工林	阔叶林	310562
87	长城游憩林	中景宽视角增效二级区	中	天然林	阔叶林	307062
88	长城游憩林	中景宽视角增效二级区	好	人工林	针叶林	310582
89	长城游憩林	中景宽视角增效二级区	中	人工林	针叶林	306582
90	长城游憩林	中景宽视角增效二级区	差	人工林	针叶林	303582
91	长城友谊林	近景多视角特效一级区	中	人工林	混交林	506603
92	长城友谊林	近景多视角特效一级区	差	人工林	混交林	503603
93	长城友谊林	近景多视角特效一级区	好	人工林	阔叶林	510563
94	长城友谊林	近景多视角特效一级区	中	人工林	针叶林	506583
95	长城友谊林	远景广视角补效三级区	中	人工林	混交林	506601
96	长城友谊林	远景广视角补效三级区	好	人工林	阔叶林	510561
97	长城友谊林	远景广视角补效三级区	中	人工林	针叶林	506581
98	长城友谊林	中景宽视角增效二级区	中	人工林	混交林	506602
99	长城友谊林	中景宽视角增效二级区	好	人工林	阔叶林	510562
100	长城友谊林	中景宽视角增效二级区	中	人工林	针叶林	506582
101		近景多视角特效一级区			非林地	300013
102		近景多视角特效一级区			非林地	300003
103		近景多视角特效一级区			非林地	106503
104		近景多视角特效一级区			非林地	103503
105		远景广视角补效三级区			非林地	310011
106		远景广视角补效三级区			非林地	303501
107		远景广视角补效三级区			非林地	300011
108		远景广视角补效三级区			非林地	106501
109		远景广视角补效三级区			非林地	103501
110		远景广视角补效三级区			非林地	100011
111		中景宽视角增效二级区			非林地	310012

（续）

序号	亚景型	视域分析结果	立地	起源	现有植被状况	叠加分析结果重编码
112		中景宽视角增效二级区			非林地	303502
113		中景宽视角增效二级区			非林地	300012
114		中景宽视角增效二级区			非林地	106502
115		中景宽视角增效二级区			非林地	103502
116					非林地	500000
117					非林地	300000
118					非林地	200000
119					非林地	100000

第九章

八达岭长城风景林经营模式

八达岭林场地处国家级八达岭长城景区，其森林具有生态功能和旅游观光功能，现处于中龄次生演替阶段，在生态功能上森林经营更显重要。但作为风景林，还需要从景观方面去考虑八达岭地区的风景林经营模式，风景林经营理论、措施和模式是当今风景林经营的研究热点问题之一。

根据在本次研究中对风景林的分类结果及视域分析结果，将视域范围相同，立地条件一致，现有植被情况相似的划并为一个景斑类型，2741个景斑共划并了119个景斑类型。对风景林进行分类，并进行景斑类型的归纳，归根到底是为了进行风景林的经营。从风景林的集约经营上讲，理论上119个景斑类型就有119种经营模式，但根据目前实际情况，还不能实现这些。因此将119个景斑类型进行了归纳。

本研究在5.2.2.2章节中将八达岭长城风景林分为了5个亚景型，即长城保安林、长城观光林、长城游憩林、长城陵园林、长城友谊林。针对八达岭风景林的经营模式，本研究则根据风景林这5种分类，首先将119个景斑类型归纳成为了5种经营类型，即长城保安林经营类型、长城观光林经营类型、长城游憩林经营类型，长城陵园林经营类型、长城友谊林经营类型。在每种经营类型中，再根据空间视域分析结果，即近景、中景、远景的重要性及经营原则的不同划分经营模式。若空间视域分析结果相同，则根据每个景斑类型现有的植被情况进行。本研究共提出了10种八达岭长城风景区风景林的经营模式。

9.1 长城保安林经营类型

八达岭长城保安林主要功能是保护长城，首先考虑其视域分析结果，即考虑近、中、远景，分别在近、中、远景中考虑现有的植被情况，在长城保安林这一经营类型内，提出了5种经营模式。

9.1.1 保安林近景一级区灌木林经营模式

灌木林对长城具有很强的保护功能，对于坡度大、地形陡，不进行经营活动；

经营活动以不造成水土流失为原则。灌木林区经营目标首先是水土保持，保护长城古迹，在这个基础上进行风景林的美化，保持长城景观。

对于灌木林的经营，时间在夏末秋初；有景观价值的灌木坚持保留。经营的内容主要是进行部分割除，增强透气透水性。由于是山区，因此主要利用人工进行，即人工用镰刀呈带状或穴状割除，割除时，对于未成林风景林林区则在幼树周围进行割除即能达到目的，对于灌木林地则进行带状清理，具体模式见表9.1。

表9.1　保安林近景一级区灌木林经营模式

Tab 9.1 The management model of shrub of the first-level area in close-range region of protection forest

经营目标	水土保持，景观优美
	主要技术指标
经营时间	夏末秋初
经营原则	保留有景观价值的灌木；坡度大于35°的山坡不进行活地被物经营
经营工具	镰刀割除
经营方式	穴状，带状
经营强度	幼树周围的灌木、杂草全部清除掉；在造林地上进行带状清理，即以种植行为中心清除其两侧植被割带方向：与种植行平行，带宽2m

9.1.2 保安林近景一级区有林地经营模式

保安林区的有林地主要是阔叶林和针阔混交林，包括一部分针叶纯林，这些林分均处于中龄林阶段。同样处在保安林区，首要的作用就是保护长城古迹，不能因为对林分的破坏而有损长城的存亡。因此对于有林地不能进行轻易的采伐，而主要是在提高风景林的景观质量上，要进行抚育，在树形、密度等方面按照景观要求进行管理。郁闭度0.8以上的、病腐木5%以上的风景林区进行抚育，郁闭度0.5以下的风景林区则进行风景林的更新，即补植，加快成林景观，提高景观质量。具体模式见表9.2。

表9.2　保安林近景一级区有林地经营模式

Tab 9.2 The management model of forest land in the first-level area in close-range region of protection forest

经营目标	促进森林生长和层次发育，减少病虫害，降低火险等级
关键技术	控制林分郁闭度
理论基础	修枝清杂
	主要技术指标
抚育原则	保护生物多样性；注重景观效果；留优去劣、留强去弱、疏密适度
抚育工具	镰刀、高枝锯、手锯
抚育对象	郁闭度0.8以上的；病腐木5%以上的

（续）

补植方法	补植抚育中采取局部补植
修枝季节	冬末春初
修枝强度	修去树高的1/2枝条，保留冠高比为1：2
生态疏伐	伐除濒死木、枯倒木及被压木，伐后郁闭度保留在0.6～0.7
景观疏伐	保留有景观价值的灌木、藤蔓与草本，并按美学原理进行

9.1.3 保安林中景二级区灌木林经营模式

同是保安林，处于中景区的灌木林地首要作用亦是保护长城，蓄水固土，维持山坡不发生自然灾害。中景对于近景来说，根据实际情况，在灌木林地上可以进行轻度的更新活动，按照风景林的景观要求进行人工更新，即人工造林，以便更好地保护长城，同时增强长城冬季有林的景观效果。

对于保安林中景的更新，主要是适地适树，加快成林，减少不必要的损失。树种主要选择栎类、山桃、山杏、油松。栎类耐贫瘠、耐旱性强，山桃、山杏是地地道道的乡土树种，生长较好，且景观效果好。栎类和山桃、山杏相对来讲容易成活，油松作为针叶树种相对差些，且投入的人力财力较大，因此在混交比例上针阔混交选择为4：6，混交的方式为块状或带状混交。更新后，还需要及时地进行幼林抚育，以防灌木生长干扰更新木的生长，使其尽快成林，发挥保持水土，美化长城的作用。具体模式见表9.3。

表9.3　保安林中景二级区灌木林经营模式

Tab 9.3 The management model of shrub in the second-level area in moderate-range region of protection forest

主要树种	辽东栎×油松、山桃×油松、山杏×油松、蒙古栎×油松
种苗类型	实生苗，针叶树苗龄4年以上，阔叶树3年以上，苗木规格为Ⅰ、Ⅱ级
种苗处理	针叶树带土坨，直径60cm，阔叶树裸根
整地方法	大穴整地，整地规格为1m×1m×1m，株行距3m×4m，每亩56株
混交方法	针阔混交比例为4：6
配置方式	块状混交，带状混交
培育要点	剪开包装材料，不破坏土坨，填土夯实，砌好坑外缘，浇足水，之后铺盖保水膜
幼林培育	连续3年
浇水施肥	春秋季旱季进行浇水，每年浇水2～3次，并在冬季结合施有机肥
补植补造	由于客观原因死亡的植株，根据原来的设计模式及方法进行补植补造
割草割灌	在夏秋季节，将树盘周围的灌木及草本利用镰刀割掉
护林防火	防火季节设专人防火，灌木草类多，严禁吸烟
病虫防治	造林苗木进行严格检疫，防止病虫流入；发现检疫对象及不明病虫及时上报进行鉴定

9.1.4 保安林中景二级区有林地经营模式

保安林中景的有林地主要是中龄林，密度较大，枯树枯枝较多，站在长城上观看显得风景林杂乱，且颜色深度上有所减弱，极大地影响了长城风景区的景观效果。因此对这部分林分主要是采取抚育间伐的经营模式，通过伐除濒死木、树冠窄小木、病虫害木、压挤木，增强风景林的透气透光性，提高风景林的林分质量，提高景观效果。抚育间伐在秋冬季节进行，伐后郁闭度保持在0.5～0.7之间，抚育过程中提倡近自然的经营方式，保留天然更新幼苗幼树、霸王木、散生花灌木，具体经营模式见表9.4。

表9.4　保安林中景二级区有林地经营模式

Tab 9.4 The management model of forest land in the second-level area in moderate-range region of protection forest

经营目标	促进森林生长和层次发育，减少病虫害，降低火险等级		
关键技术	控制林分郁闭度，保留木选择和分布格局控制		
理论基础	密度效应		
	主要技术指标		
间伐林对象	郁闭度大于0.7、层次结构发育不良、有病虫害的幼中龄林		
伐后郁闭度	0.5～0.7	特殊保留对象	天然更新幼苗幼树、霸王木、散生花灌木
间伐时间	秋、冬季	间伐木选择	濒死木、树冠窄小木、病虫害木、压挤木
间伐木处理	移出林外	保留木分布	随机分布格局，可有小于一倍树高的小林窗
间伐强度	根据伐前株数密度和郁闭度计算株数强度，不设计材积强度		
保留密度	$N=12732P/R^2$，N为保留密度（株/hm^2），P为伐后郁闭度，R为平均冠幅（m）		
间伐方法	综合疏伐		

9.1.5 保安林远景三级区经营模式

保安林远景主要包括灌木林地和有林地，远景主要是背景色，灌木林在夏季背景色较好，但到了冬季则光秃秃一片，造成裸岩多，景观差，因此，对于这一区域在天然更新的基础上，主要进行人工更新，更新的主要树种为针叶树种，如华山松、油松、侧柏，并与黄栌、元宝枫进行混交，具体模式见表9.5。

表9.5　保安林远景三级区经营模式

Tab 9.5 The management model of the third-level area in prospective-range region of proctection forest

经营目标	培育颜色葱绿并有层次感的背景色
主要树种	华山松×油松、侧柏×油松、黄栌×侧柏、元宝枫×侧柏
种苗类型	实生苗，针叶树苗龄7年以上，阔叶树3年以上，苗木规格为Ⅰ、Ⅱ级
种苗处理	针叶树带土坨，直径60cm，阔叶树裸根
整地方法	大穴整地，整地规格为1m×1m×1m，株行距3m×4m，每亩56株
混交方法	针叶树之间混交比例为5：5，针阔混交比例为6：4

（续）

配置方式	混交，带状混交
培育要点	包装材料，不破坏土坨，填土夯实，砌好坑外缘，浇足水，之后铺盖保水膜
幼林培育	3年
浇水施肥	春秋季旱季进行浇水，每年浇水2～3次，并在冬季结合施有机肥
补植补造	由于客观原因死亡的植株，根据原来的设计模式及方法进行补植补造
割草割灌	在夏秋季节，将树盘周围的灌木及草本利用镰刀割掉
护林防火	防火季节设专人防火，灌木草类多，严禁吸烟
病虫害防治	造林苗木进行严格检疫，防止病虫流入；发现检疫对象及不明病虫及时上报进行鉴定

9.2 长城观光林经营类型

长城观光林是站在长城上游人能够直接观赏到的森林，更是长城风景林景观效益发挥的直接区域。游人近视显得林木雄伟；平视、远视则显得森林天际线有起伏及深远之感，观光林对游人主要是视觉上冲击。因此根据视域分析结果，即远、中、近景将观光林划分为三种经营模式。

9.2.1 观光林近景一级区经营模式

在八达岭地区近景观光主要是花、果实、叶片等的观赏，同时还有参天大树的欣赏。在观花、观果、观叶的风景林建设上，结合八达岭地区的乡土树种，并引进相关景观树种，目标是使观光林近景一级区春夏秋三季鲜花盛开，打造精品游憩景点，主要的植物种类是一些小灌木，同时还包括山梨等一些适地适树的乔木树种。根据近景区的立地条件进行栽植和管理。具体经营模式见表9.6。

表9.6　观光林近景一级区经营模式

Tab 9.6 The management model of the first-level area in close-range region of sightseeing forest

经营目标	使观光林近景一级区春夏秋三季鲜花盛开，打造精品游憩景点
关键技术	品种选择，栽培管理
理论基础	山地生境与小气候作用理论
	主要技术指标
主要植物种	丁香、蔷薇、珍珠梅、忍冬、山杏、山丁子、山梨、山楂、柿树、花楸
栽植密度	600～900株/hm^2
整地造林	大坑、客土、修根、植苗
植苗苗高	1～3m
抚育措施	浇水、施肥、松土、修剪
苗木来源	苗圃、野生苗木
个体分布	随机，点、线、团、片状栽植

表9.6是对观花、观果、观叶等观光林的经营模式。在观光林近景中，还应包括游人对森林的要求，即感觉到森林的雄伟，这就需要进行大径级林木的培养。主要是通过近自然林业的方式，对现有的有林地进行大径级林木的选择，具体做法是在风景林中，把所有林木分类为目标树、干扰树、生态保护树和其他树木等4种类型，使每株树都有自己的功能和成熟利用时点，都承担着生态效益、社会效益和经济效益。分类后需要永久地标记出林分的特征个体——目标树，并对其进行单株抚育管理。目标树的选择指标有生活力、干材质量、林木起源、损伤情况及林木年龄等方面，既要有生长前途，同时更要保持景观效果。标记目标树就意味着以培育大径级林木为主对其持续地抚育管理，并按需要不断择伐干扰树及其他林木，直到目标树达到目标直径并有了足够的第二代下层更新幼树时即可择伐利用。在这个抚育择伐过程中根据林分结构和竞争关系的动态分析确定每次抚育择伐的具体目标（干扰树），并充分地利用自然力，通过择伐实现风景林的最佳混交状态及最大生长量和天然更新，一方面实现林分质量的不断改进，另一方面保证风景林近景景观效果的发挥。

9.2.2 观光林中景二级区经营模式

处于观光林中景区域的主要树种是刺槐、杨树等，这些阔叶林都处于成熟林阶段，且由于管理跟不上，病虫害较多，造成林分生长差，景观效益差，因此对于观光林的这段区域，首先要进行景观改造，即进行残次林的改造，改造成森林健康，能观干、观叶、观花的观光风景林，之后再进行优化。伐掉枯死木、病虫木、腐木、被压木，仅保留长势极好的植株，主要栽植的树种包括栾树、白蜡、栎类，提高景观质量。具体模式见表9.7。

表9.7　观光林中景二级区经营模式

Tab 9.7 The management model of the second-level area in close-range region of sightseeing forest

经营目标	使中景二级区林分健康，同时观花观干等
关键技术	品种选择，栽培管理
理论基础	山地生境与小气候作用理论
	主要技术指标
改造对象	刺槐、山杨
抚育采伐	伐掉枯死木、病虫木、腐木、被压木
主要栽植树种	栾树、白蜡、栎类
栽植密度	600～900株/hm^2
整地造林	大坑、客土、修根、植苗
植苗苗高	1～3m
抚育措施	浇水、施肥、松土、修剪

（续）

苗木来源	苗圃、野生苗木
个体分布	随机，点、线、团、片状栽植

9.2.3 观光林远景三级区经营模式

远景是背景色，目前的背景色主要是绿色，经营的目标就是培育风景优美，颜色多姿的背景色。因此，在观光林远景中主要在绿色背景的基础上，搭配其他彩色，即种植部分彩叶树种，包括暴马丁香、黄栌、美国红栌、元宝枫、明开夜合、榆树等。八达岭地区有1000多亩的天然次生暴马丁香林，在大多数山坳中都有它的身影，且长势好，开花后远观煞是好看，白花怒放，植株葱绿，种植此当地树种，生态效果及景观效果明显；榆树非常容易成活，且生长快，是绿化山体、美化景观的良好树种；黄栌、美国红栌、元宝枫、明开夜合是秋冬季节变红的彩叶树种，对于灌木日趋凋落，山体暗灰的背景色来讲，是最好不过的。观光林远景的具体模式见表9.8。

表9.8 观光林远景三级区经营模式

Tab 9.8 The management model of the third-level area in close-range region of sightseeing forest

经营目标	培育风景优美，颜色多姿的背景色
主要树种	暴马丁香、黄栌、红栌、元宝枫、明开夜合、榆树
种苗类型	实生苗，苗龄3年以上，苗木规格为Ⅰ、Ⅱ级
种苗处理	针叶树带土坨，直径60cm，阔叶树裸根
整地方法	大穴整地，整地规格为1m×1m×1m，株行距3m×4m，每亩56株
混交方法	针阔混交比例为4：6
配置方式	与原有侧柏形成块状混交或带状混交
培育要点	将植株放入坑中，不窝根，填土夯实，砌好坑外缘，浇足水，之后铺盖保水膜
幼林培育	连续3年
浇水施肥	春秋季旱季进行浇水，每年浇水2～3次，并在冬季结合施有机肥
补植补造	由于客观原因死亡的植株，根据原来的设计模式及方法进行补植补造
割草割灌	在夏秋季节，将树盘周围的灌木及草本利用镰刀割掉
护林防火	防火季节设专人防火，灌木草类多，严禁吸烟
病虫害防治	造林苗木进行严格检疫，防止病虫流入；发现检疫对象及不明病虫及时上报进行鉴定

9.3 长城陵园林经营类型

长城陵园林是以墓地为主要目标的一种经营类型，实际经营中必须坚持实事求是，更重要的是考虑顾客要求进行，因此，对于陵园林的经营根据实际情况而定，在此不做详细论述，只提出相应的经营原则。

以美化长城景观为主要；水土保持

的原则；考虑顾客要求；以人为本的原则。

9.4 长城游憩林经营类型

长城游憩林强调游憩，不仅仅要求对风景林进行景观上的经营，更重要的是加入一些人为的东西，使游客亲身体验长城的森林环境，并能够在森林中享受到驻观、眺望、休息等必要的人性化的东西。

9.4.1 游憩林近景一级区经营模式

凡是游人能够到达的近景，抑或是作为旅游景点的近景区，都进行游憩林的经营，除了进行风景林本身的经营外，相关配套服务设施的建设也势在必行。在游憩林的目的地，游人滞留时间长，因此需要有比较完善的设施；而游人作为中途驻足、庇荫的游憩区，则设施要求较低。

在游憩林近景风景林林分的经营上，主要内容是培育目标树、改善林分卫生状况、丰富近景景观、营造混交林；在人工设施上，主要是修建步道、小憩桌凳、花廊花架、亭、泉、指示牌、垃圾箱等，使游人充分享受到在长城脚下旅游的乐趣及感慨。具体模式见表9.9。

表9.9 游憩林近景一级区经营模式

Tab 9.9 The management model of the first-level area in close-range region of recreation forest

经营目标	培育人性化的风景游憩林
关键技术	控制林分密度，抚育
理论基础	近自然林业、密度控制因子等
	主要技术指标
培育对象	长城近景一级区游憩林
主要技术	培育目标树、改善林分卫生状况、丰富近景景观、营造混交林
目标树	在立地好、种源优良、密度适当、适度间伐条件下培育大径级材
卫生状况	病虫害、人工整枝、枯落物处理
丰富景观	变化疏密度、变化林分层次及布局、变化树种
混交造林	树种搭配有侧柏×元宝枫；油松×辽东栎；油松×白桦
人工设施	步道、小憩桌凳、花廊花架、亭、泉、指示牌、垃圾箱等

9.4.2 游憩林中远景区经营模式

游憩林的中景区及远景区，相对于近景区来说，游人少，在人工设施上可以根据实际情况增加或减少，主要是进行风景林林分的经营，使游人能够感受到“野”的品味。游憩林中远景区的经营主要是风景林本身景观质量的建设和经营，一是对现有风景林进行抚育；二是培育地被，引种四季花草灌木；三是培育更新层，使游憩林在林龄上表现出相应的变化，丰富林内的景观变化，提高游人的兴趣。具体经营模式见表9.10。

表9.10 游憩林中远景区经营模式

Tab 9.10 The management model of the first-level area in moderate-range region of recreation forest

经营目标	培育层次结构发育健康的风景游憩林
关键技术	控制林分密度，培育地被层、更新层和副林层
理论基础	林分密度是影响林分结构的主要可控因子和主导因子
	主要技术指标
培育对象	长城游憩林
林分密度	郁闭度0.5～0.6
培育方式	抚育间伐、林分改造、经营择伐
培育地被	林下引种四季花草灌木，团、片、带、线布局
更新层培育	人工播种目的树种
副林层培育	间伐解放被压、平均木
人工设施	步道、小憩桌凳、亭、指示牌、垃圾箱

9.5 长城友谊林经营类型

长城友谊林是国家之间、单位之间、个人之间等友谊的象征，同时在这里还可以了解到长城的历史和文化。对于长城友谊林的建设和经营就不能只考虑景观效果，应结合景观建设，根据实际情况而定。在这里只提出经营应遵循原则：

遵循国际合作的原则；尊重历史文化的原则；提高景观效果的原则；遵循实事求是的原则。

以上是相同的经营类型中根据经营目的和经营对象的不同，分成了不同的经营模式。下一步将把119个景斑类型都形成相应的经营模式，并纳入数字化管理，使八达岭地区风景林的经营更方便化、集约化。

参考文献

[1] 陆兆苏,赵德海,李明阳,等.按照风景林的特点建设森林公园[J].华东森林经理, 1994, 8(2): 12-17.

[2] 曹建华,郭小鹏.意愿调查法在评价森林资源环境价值上的运用[J].江西农业大学学报（自然科学）,2002,24(5):645-648.

[3] 陈海滨,刘建军,杨澄.森林抚育间伐研究现状简述[J].陕西林业科技,1997,(2):52-54.

[4] 陈军,邬伦.数字中国地理空间基础框架[M].北京:科学出版社,2003.

[5] 陈俊华,等.地理信息系统在绘制林业专题图中的应用[J].四川林业科技,2003,24(3):65-68.

[6] 陈述彭.地球信息系统导论[M].北京:科学出版社,2002.

[7] 陈鑫峰,王雁.国内外森林景观的定量评价和经营技术研究现状[J].世界林业研究,2000,13(5):31-38.

[8] 陈鑫峰,王雁.森林美剖析-主论森林植物的形式美[J].林业科学,2001,37(2):122-130.

[9] 承继成.数字地球导论[M].北京:科学出版社,2002.

[10] 储菊香,徐泽鸿,高显连."全国林业资源综合数据库空间集成"系统的设计与实现[J].林业资源管理,2000,(3):49-52.

[11] 但新球.森林景观资源美学价值评价指标体系的研究[J].中南林业调查规划,1995,13(3):44-48.

[12] 范爱民.组建面向GIS的Intranet方案[M].测绘通报,1999,(2):9-11,37.

[13] 方陆明,童再康,陈建秀,等.林木良种管理信息系统的建立[J].浙江林学院学报,1998,15(1):96-100.

[14] 方陆明,吴达胜,唐丽华.浙江省主要经济树种在线查询系统的设计与实践[J].浙江林学院学报,2000,17(4):441-444.

[15] 方书清,陈文茂.航空录像技术在松材线虫病监测中的应用[J].技术科技开发,2003,17(5):42-43.

[16] 冯书成,武永照,冯嵘,张经道.森林旅游资源评价方法与标准的研究[J].陕西林业科技,2000,(1):23-26,40.

[17] 冯秀兰,宋铁英,姚建新,等.基于GIS的集体林森林资源信息管理系统的研制与开发[J].北京林业大学学报,2001,23(3):81-85.

[18] 冯仲科,等.精准林业[M].北京：中国林业出版社,2002.

[19] 冯仲科,南永天,刘月苏,刘涛,等.RTD GPS用于森林资源固定样地调查的研究[J].林业资源管理,2000,(1):50-53.

[20] 付晓,冯仲科.数字高程模型及其在林业中的应用[J].林业科技,2002,(9):13-15.

[21] 高艳芳.应用地理信息系统(MAPGIS)进行名优作物种植适宜区规划[J] .物探化探计算技术,2000,22(3):257-261.

[22] 龚福晓.祁连山保护区林相图编绘中MAPGIS软件的应用[J].甘肃林业科技,2003,28(1):74-75.

[23] 郭达志,等.地理信息系统基础与应用[M].北京：煤炭工业出版社,1997:23-25.

[24] 郭衡,时以群,王云瑞.泰山景观资源评价与游人审美效应分析[J].华东森林经理,1995,9(2):47-52.

[25] 贺庆棠.森林环境学[M].北京高等教育出版社,1999.

[26] 洪军,蔡体久.基于GIS的森林分类经营区划[J].东北林业大学学报,2002,30(4):14-18.

[27] 洪伟,陈平留,林杰.林场森林资源数据处理系统[J].福建林学院学报,1984,4（2）：1-6.

[28] 纪玉珍.地理信息系统GIS及其在内蒙古林业勘察设计院的应用[J].内蒙古林业调查设计,2000,(4):25-26.33.

[29] 马建文,阎积惠.地理信息系统及资源信息综合[M].北京：地质出版社,1994:50-54.

[30] 龚建雅.地理信息系统基础[M].北京:科学出版社,2001:130-134.

[31] 江泽慧.论林业新科技革命[J].世界林业研究,1999,12(4):1-5.

[32] 蒋有绪.新世纪的城市林业方向—生态风景林兼论其在深圳市的示范意义.林业科学,2001,37(1):138-140.

[33] 李春干,赵德海,卫日强.森林旅游资源等级评价方法的研究[J].南京林业大学学报,1996,20(3):64-68.

[34] 李春阳,周晓峰.帽儿山森林景观质量评价[J].东北林业大学学报,1991,19(6):92-95.

[35] 李德仁.论RS,GPS与GIS集成的定义、理论与关键技术[J].遥感学报,1997,1(1):64-68.

[36] 李富海,刘建生,等.河南省森林资源研建初探[J].河南林业科技,2002,22(3):14-16.

[37] 李贵荣,郭建平.地理信息系统的研究现状及发展趋势[J].南方冶金学院学报,2003,24(2):10-14.

[38] 李金华.我国将建数字林业系统[N].中国绿色时报,2001-02-14.

[39] 李土生,翁卫松.森林资源地理信息系统设计的关键技术[J].南京林业大学学报(自然科学版),2002,26(5):53-56.

[40] 李增元.数字林业建设与进展[J].中国农业科技导报,2003,5(2):7-9.

[41] 李芝喜,孙保平.林业GIS[M].北京:中国林业出版社,2000:16-18.

[42] 廖声熙.森林资源地理信息系统框架结构分析[D].西南林学院硕士学位论文,1998.

[43] 林辉,童显德,黄忠义.遥感技术在我国林业中的应用与展望[J].遥感信息,2002,17(1):39-44.

[44] 林辉等.城市地理信息系统研究与实践[M].上海:上海科学技术出版社,1996:80-83.

[45] 刘桂英,王伟.浅析计算机在森林调查中的应用[J].林业机械与木工设备,2001, 29(2):28-33.

[46] 刘瑞挺,吴功宜,等.三级教程—网络技术[M].北京:高等教育出版社,2002:115-124.

[47] 刘尚斌,孙涛,黄国胜.遥感技术在森林资源连续清查中的应用研究[J].林业资源管理,2000,(6):51-57.

[48] 陆兆苏,余国宝,张治强,等. 紫金山风景林的动态及其经营对策[J]. 南京林学院学报(自然科学版), 1985,(3):1-12.

[49] 陆兆苏,赵德海,等.按照风景林的特点建设森林公园[J].华东森林经理,1994,8(2):12-17.

[50] 陆兆苏, 赵德海, 赵仁寿.南京市钟山风景区森林经理的实践和研究[J].华东森林经理, 1991,5(1):1-6,19.

[51] 吕洁华.现代林业信息网络体体系的综合管理[J].森林工程,2001,(6):32-33.

[52] 罗光斗.高峰林场森林资源核算微机管理系统的研制[J].中南林业调查规划,1996,15(2):6-9.

[53] 罗晓沛,杨冬青.三级教程—信息管理技术[M].北京:高等教育出版社,2002:179-182.

[54] 孟平,吴诗华.风景林概述.中国园林,1995,11(4):39-41.

[55] 倪淑萍,施德法.普陀山风景区森林景观研究[J].华东森林经理,1996,10(1):58-63.

[56] 聂玉藻,马小军,冯仲科等.精准林业技术的设计与实践[J].北京林业大学学报,2002,24(3):91-92.

[57] 欧润贵. 林业遥感[M].北京:中国林业出版社,1989:52-55.

[58] 浦瑞良,宫鹏.高光谱遥感及其应用[M].北京:高等教育出版社,2000.

[59] 李群,崔兵,等.浅谈风景林的建设与欣赏[J].防护林科技,1997,(3):20-21.

[60] 萨师煊,等.数据库系统概论[M].北京高等教育出版社,2001.

[61] 三贝,赵大勇.3S技术及数字林业简介[J].内蒙古林业,2001,(9):33-34.

[62] 邵佩英.分布式数据库系统及其应用[M].北

京:科学出版社,2000.

[63] 苏雪痕.植物造景[M].北京:中国林业出版社,1998:1-47.

[64] 孙枢,周秀骥,马宗晋,等.我国地球科学数据共享问题[A].见:《中国地球科学发展战略的若干问题—从地学大国走向数字大国》[C].北京:科学出版社,1998.

[65] 谭炳香.高光谱遥感森林应用研究探讨[J].世界林业研究,2003,16(2):33-37.

[66] 滕立春.关于发展我国林业计算机信息网络的几点设想[J].林业资源管理,1998,(2): 68-72.

[67] 万志洲,李晓储,等.南京中山陵风景区常绿阔叶树种引进及风景林林相改造技术的研究[J].江苏林业科技,2001,28(5):22-26.

[68] 王爱珍.提高风景林美学价值建立森林公园的营建技术体系[J].西北华北林业调查规划,1994,3(4):13-16.

[69] 王东军,彭松波.全国森林资源管理县级地理信息系统的分析与设计[J].中南林业调查规划,2004,23(2):40-44.

[70] 王唤良.在MapInfo中实现区域对象样点布设功能[J].测绘工程,2003,12(4):30-32.

[71] 王霓虹.基于WEB与3S技术的森林防火智能决策支持系统的研究[J].林业科学,2002,38(3):114-119.

[72] 王阗,宋丽萍,余光辉.GIS在深圳城市绿化管理中的应用[J].南京林业大学学报(自然科学版),2002,26(3):31-34.

[73] 王希华,王良衍,闫恩荣,等.生态风景林构建技术的探讨—以东钱湖为例[J].浙江林业科技,2003,23(5):61-64.

[74] 王小德.风景林景观建设初探[J].华东森林经理,2000,14(1):12-14.

[75] 王晓俊.关于风景评价中心理物理学方法局限性的探讨[J].自然资源学报,1996,11(2):170-175.

[76] 王雁,陈鑫峰.心理物理学方法在国外森林景观评价中的应用[J].林业科学,1999,35(5):110-117.

[77] 韦希勤,李明华.浅议卫星遥感在我国森林调查中的应用[J].华东森林经理,1999,13(3):50-53.

[78] 翁友恒.厦门市生态风景林建设与评价[J].华东森林经理,2001,15(1):52-54.

[79] 吴保国.森林资源档案管理软件设计中几个问题探讨[J].林业资源管理,1994,(5): 90-96.

[80] 吴楚材.张家界国家森林公园游憩效益经济评价的研究[J].林业科学,1992,28(5):423-430.

[81] 徐乃雄.城市绿地与环境[M].北京：中国建材工业出版社,2002.

[82] 许兰霞,冯仲科."3S"技术用于森林与生态环境综合检测及评估中存在的问题及其进一步完善的途径[J].世界林业研究,2000,13(2):14.

[83] 薛达,罗山,薛立.论生态风景林在我国城市发展中的作用[J].城市规划汇刊,2001,(6):77-78,80.

[84] 李琦,杨超伟.空间数据仓库及其构建策略[J].中国图像图形学报,1999,4(8):621-626.

[85] 杨军. 3S技术及在林业工程中的应用[J].四川林勘设计,2003,(4):6-10.

[86] 杨赉丽.城市园林绿化地规划[M].北京:中国林业出版社,1995.

[87] 杨廷奎,陈士俊.福建省森林资源调查数据处理系统简介[J].林业勘查设计,1986,(1):6-7.

[88] 杨学军,李永涛,石富超.东平国家森林公园美学评价及经营对策[J].上海农学院学报,1999,17(3):201-207.

[89] 俞孔坚,黄刚,李迪华,等.景观网络的构建与组织-石花洞风景名胜区景观生态规划探讨[J].城市规划学刊，2005,(3):76-81.

[90] 俞孔坚.自然风景质量评价研究-BIB-LCJ审美评判测量法[J].北京林业大学学报,1988,10(2):1-7.

[91] 原延军,毛兰文.天然林资源信息管理技术[J].林业勘察设计,2002,(2):17-19.

[92] 张贵,宾厚,杨志高. 森林资源管理信息系统研究[J].湖南林业科技,2001,28(4): 16-17.

[93] 张华海,张超.森林旅游中几个重要概念的溯源[J].贵州林业科技,2002,30(1):52-55.

[94] 赵宝东,王全玲.3S系统在林业经营管理中的应用[J].林业勘查设计,2000,115(3): 81-82.

[95] 赵德海.风景林美学评价方法的研究[J].南京林业大学学报(自然科学版),1990,14(4):50-55.

[96] 赵鹏祥,李秀信,李卫忠,薛巍.MapGIS在造林工程设计中的应用[J].干旱区研究,2002,19(3):52-56.

[97] 郑万钧.中国树木志(1)[M].北京:中国林业出版社,1983.

[98] 周国模,李金满.千岛湖国家森林公园自然风景质量评价[J].浙江林学院学报,1989,(4):387-393.

[99] 周俊宏,汪传佳.森林经营计算机管理系统研究和建立[J].浙江林业科技,2001, 21 (2): 65-67,77.

[100] 周青,罗明忠.从科技文献看森林旅游与游憩的实践及发展[J].四川林勘设计,2001,(4):46-49.

[101] 周向频.景观规划中的审美研究[J].城市规划汇刊,1995,(2):54-60,65.

[102] 朱云杰,戴寿连.浙江省林业信息化网络平台技术探讨[J].浙江林业科技,2001,21 (6):75-78.

[103] Arthur, L. M. (1977). Predicting scenic beauty of forest environments:Some empirical tests[J]. Forest Science, 23(2), 151-160.

[104] Arthur, L. M. & Boster R.S. (1976). Measuring scenic beauty:a selected annotated bibliograthy. Fort Collins, Colo.:U.S. Rocky Mountain Forest and Range Experiment Station.

[105] Athkinson, P. M., & Curran, P. J. (1997). Choosing an Appropriate Spatial Resolution for Remote Sensing Investigations. Photogrammentric Engineering & remote Sensing, 63(12), 179-181.

[106] Benson, R. E. & Ulrich, J. R. (1981). Visual impacts of forest management activities:Findings on Public preference. USDA Forest Service Research Paper INT-62,14p.

[107] Bo Ranneby. (1987). Designing a new national forest survey for Sweden. Sudia Forestalia Suecica, 1771, 1-29.

[108] Brown, T., Keane, T. & Kaplan, S. (1986). Aesthetics and management: bridging the gap. Landscape and Urban Planning, 13, 1-10.

[109] Buhyoff, G. J., Wellman, J. D., Daniel, Terry C. (1982). Predicting scenic quality for mountain pine beetle and western spruce budworm damaged vistas. Forest science, 28(4), 827-838.

[110] Buhyoff, G. J., & Wellman ,J. D. (1980). The specification of a non-linear psychophysical function for visual landscape dimensions. Journal of leisure Research, 12, 257-272.

[111] Buhyoff, G. J., Hull, R. B., Lien, J. N., & Cordell, H. K. (1986). Prediction of scenic quality for southern pine stands.Forest Science. 32(3): 769-778.

[112] Buhyoff, G. J., & Leuschner, W. A. (1978). Estimating psychological disutility from damaged forest stands.Forest Science. 24(3), 242-432.

[113] Coppock, J. T., & Rhind, D. W. (1991). The history of GIS. In D.J. Maguire, M.F. Goodchild, & D.W. Rhind (Eds), Geographic Information Systems:Principle and Applications, Vol. 1.(pp. 21-43) . Landon: Longman.

[114] Courteau, J., & Hdareche, M. (1997, April). A comparison of seven GPS under forest conditions. FERIC Special Report, 80-82.

[115] Craig, W. J. & Elwood, S. A. (1998). How and Why Community Groups Use Maps and Geographic Information. Cartography and Geographic Information Systems, 25(2), 95-104.

[116] Daniel, T.C., & Boster, R. S. (1976). Measuring landscape esthetics:The scenic beauty estimation method. United States:Forest Service.

[117] Daniel, T. C., & Vining, J. (1983). Methodologieal issues in the assessment of landscape quality. In I. Altman & J. Wohlowill (Eds), Behavior and the Natural Environment (pp. 39-84) . New York : Plenum press.

[118] Daniel, T. C., & Schroeder, H. W. (1979). Scenic beauty estimation model:Predicting perceived beauty of forest landscapes. In: The proceeding of Our National Landscape (USDA Forest Servics Tech. Rep. PSW-35). Berkeley, Calif.: Pacific Southwest Forest and Range Experiment Station. PP. 514-523.

[119] Daniel, T. C., & Boster, R. S.(1976). Measuring landscape esthetics:The scenic beauty estimation method. Colorado:USDA.

[120] Di.mantovani A. C., & Setzer, A.W. (1997). Deforestation and habitat fragmentation in the Amazon with an AVHRR-based system. remote Sensing, 63(8),597-611.

[121] Eckert C. (1996). Forestry canopy terrain and distance effects on global positioning system point accuracy. Photogram Metric Engineering&Remote Sensing, 62, 317-321.

[122] Engle. S. (2000). Participatory GIS:A new framework for planning more sustainable forms of tourism development.Unpublished Masters of Development Studies,Victoria University,W ellington,New Zealand.

[123] Gimblett, H. R., Itami, R. M., & Fitzgibbon, J. E. (1985). Mystery in an information processing model of landscape preference. Landscape Journal, 4(2), 87-96.

[124] H.Gyde Lund. et al.(1989). A primer on stand and forest inventory designs. U.S.: Forest Service.

[125] Ridley, H. M., & Atkinson, P. M. (1997). Evaluation the Potential of Forthcoming Commercial U.S High-Resolution Satellite Sensor at the Ordnance Survey. photogrammetic Englishing Remote sensing, 63 (8), 997-1005.

[126] Yang, J., Zhao, L., Mcbride, J., & P.Gong. (2009). Can you see green Assessing the visibility of urban forests in cities. Landscape and Urban Planning, 91 (2), 97-104.

[127] Kyem, P. A. K. (2002). Promoting local community participation in forest management through a PPGIS application in southern Ghana. In W.Craig, T.Harris, & D. Weiner (Eds.), Community participation and geographic information systems. London:Taylor and Francis.

[128] Marble, D. F. (1979). Integrating cartographic and geographic information systems education. Technical Papers,39th Annual Meeting of the American Congress on Surveying and Mapping. Washington, DC: ACSM,493-499.

[129] Bondesson, L. (1998). Standerd errors of area estimates obtained by travering and GPS. Forest Science, 44(3), 405-413.

[130] Paquet. J., & Bdanger, L. (1997). Public acceptability thresholds of clear cutting to maintain visual quality of boreal balsamfir landscapes. Forest Seience, 43(1), 46-55.

[131] Pelz, D R. (1992). National forest inventories:past development and future prospects,Forest resource inventory and nonitoring and remote sensing technology. Japan Society of for Plan, 416-419.

[132] Pelz, D R. (1992). National forest inventory system in Europe. Forest inventories in Europe with special reference to statistical methods. Swiss Fed Inst for Snow and Landscape Res, 59-65.

[133] Ribe, G. R. (1990). A general model for understanding the perception of scenic beauty in northern hardwood forests.Landscape Journa1, 9(2), 86-101.

[134] Rinner, C. (2001). Argumentation Maps-GIS-based Discussion Support for Online Planning. Environment and Planning B: Planning and Design, 28(6), 847-863.

[135] Rudddl, E. J., Gramnn, J. H., Rudis, V. A., et al. (1989). The psychological utility of visual penetration innear-view forest scenic-beauty models. Environment and Behavior, 21(4),393-412.

[136] Satyanarayana B., & Raman A.V. (2004). Application of GIS in the preparation of species distributional maps for coringa mangroves based on ground truth data. Journal of Nanjing Forestry University(Natural Sciences Editions), (4), 13-18.

[137] Schroeder. H.W., Gobster. P. H., & Frid, Ross. (1993). Visual quality of human-made clearings in central Michigan conifers. Res. Pap. NC-313. St Paul, MN:U.S.Department of Agriculture, Forest Service, North Central Forest Experimerit Station.

[138] Shao Guo-fan, Dai Li-min, Li Ying-shan, et al. (2003). FORESTAR: A decision-support system for multi-objective forest management in Northeast China. Journal of Forestry Research,14(2),141-145.

[139] Staffelbach, E. (1984). A new foundation for forest aesthetics. Allgemeine Forstzeitschrift, 39,1179-1181.

[140] Weiner, D., Warner, T., Harris, T. M., & Levin, R. M. (1995). Apartheid Representations in a Digital Landscape:GIS, Remote Sensing, and Local Knowledge in Kiepersol, South Africa. Cartography and Geographic Information Systems, 22(1), 30-44.

[141] Woodhouse, P. (1997). Hydrology, Soils and Irrigation Systems. In Levin, R. & D. Weiner (eds.), 'No More Tears:' Struggles for Land in Mpumalanga, South Africa. Trenton: Africa World Press.

[142] Xu G H. (1994). Application and prospect on remote sensing and resources and environment information system. Remote Sensing Environment, 9(14), 241-246.

[143] Zube, E.H., & Sheehan, M. R. (1994). Desert Riparian Areas: Landscape Perceptions and Attitudes. Environmental Management. 3, 413-421.

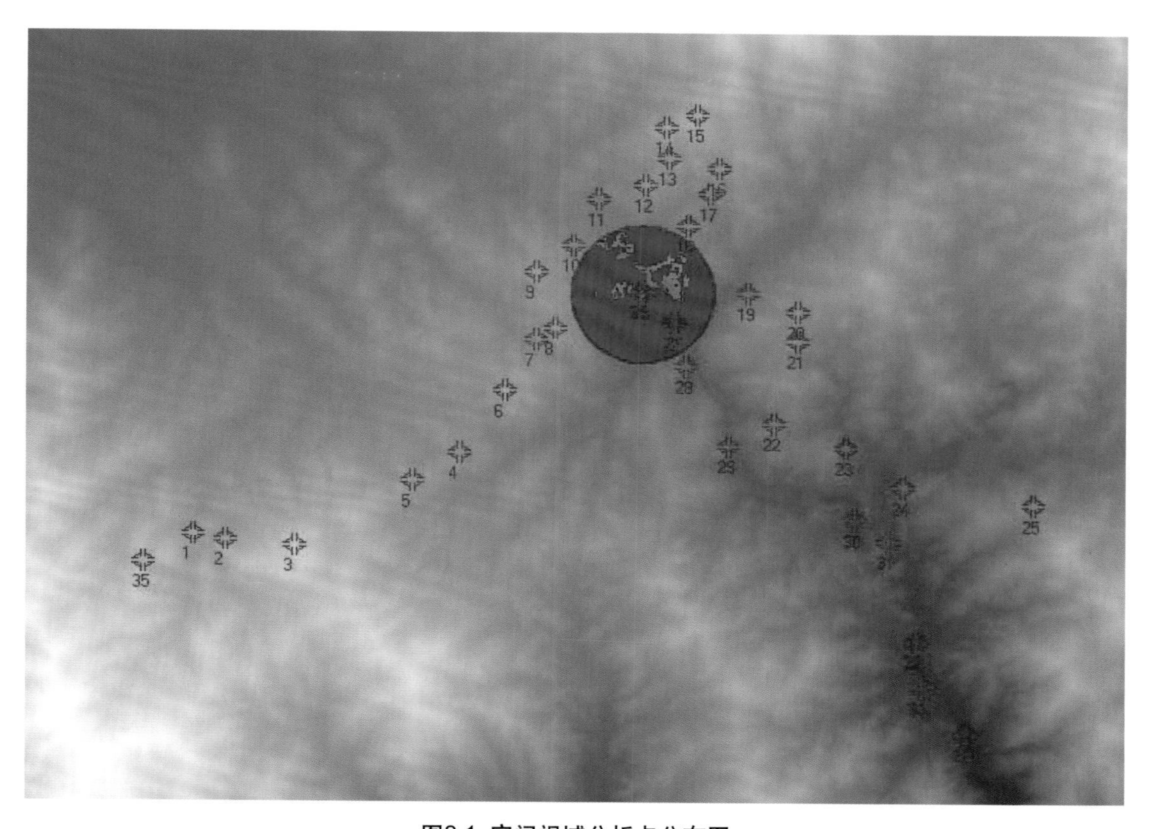

图8.1 空间视域分析点分布图
Fig 8.1 Distribution graph on viewpoint for spatial view shed analysis

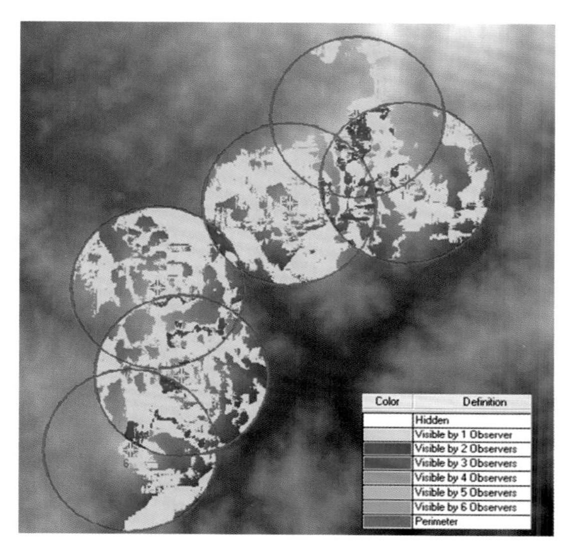

图8.2 近景视域分析结果平面分布
Fig 8.2 The plane graph of the close-range view shed analysis result

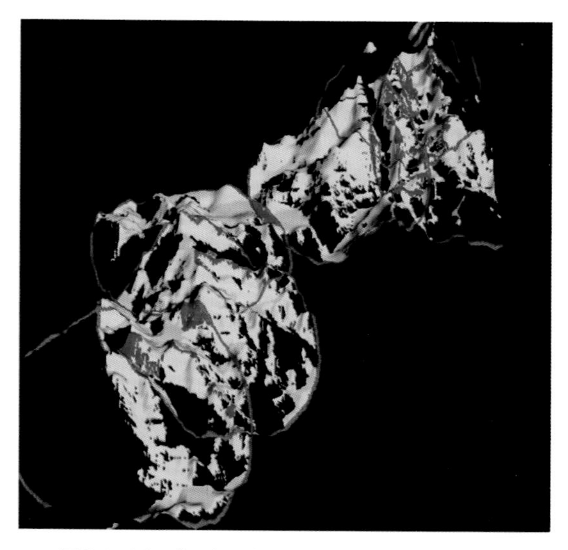

图8.3 近景视域分析结果立体分布（DEM）
Fig 8.3 The 3D graph of the close-range view shed analysis result（DEM）

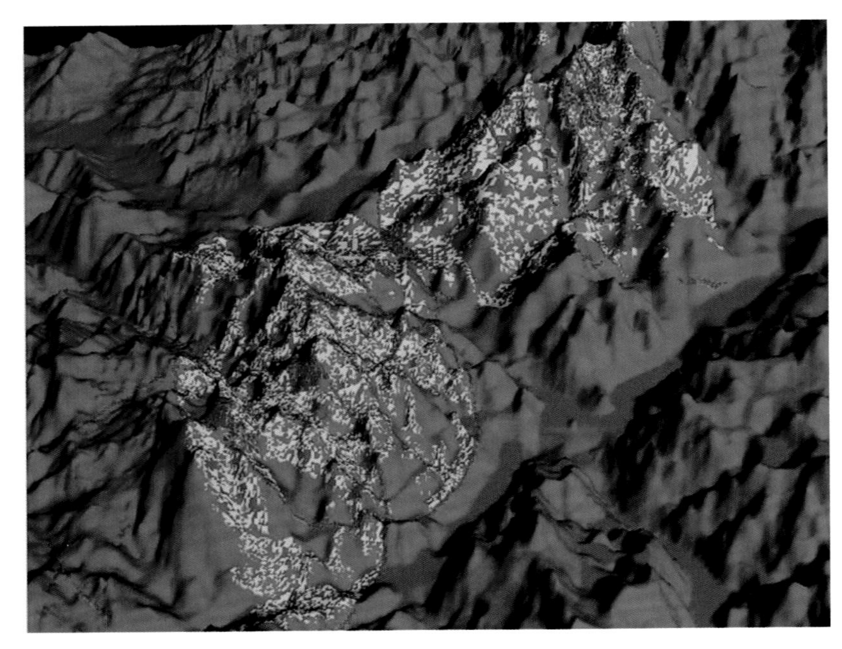

图8.4 近景视域分析结果立体分布(航片)
Fig 8.4 The 3D graph of the close-range view shed analysis results (aerophotograph)

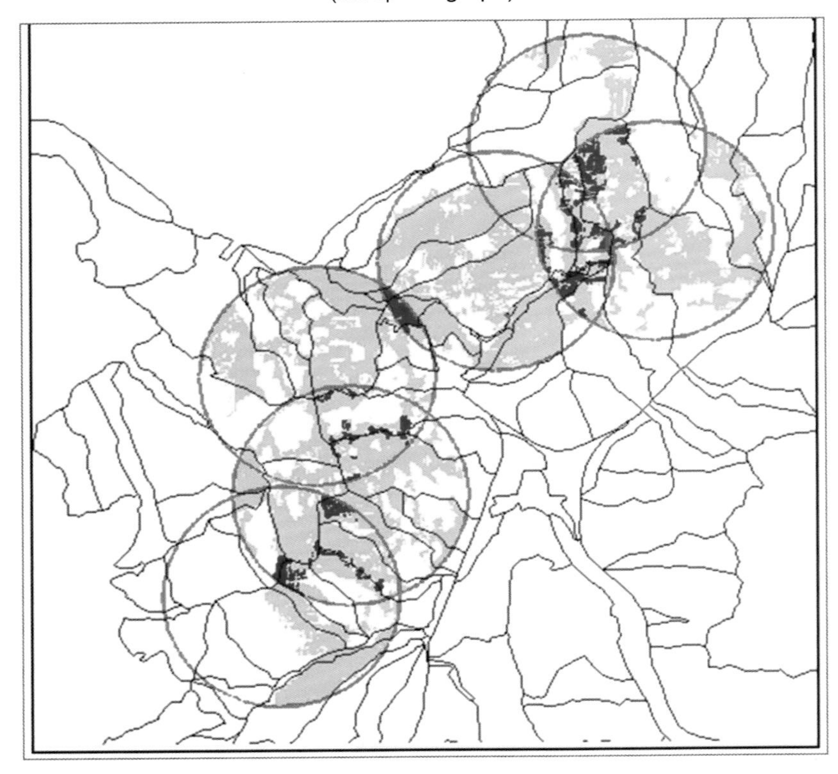

图8.5 近景视域分析结果景斑分布
Fig 8.5 The patch distribution of the close-range view shed analysis results

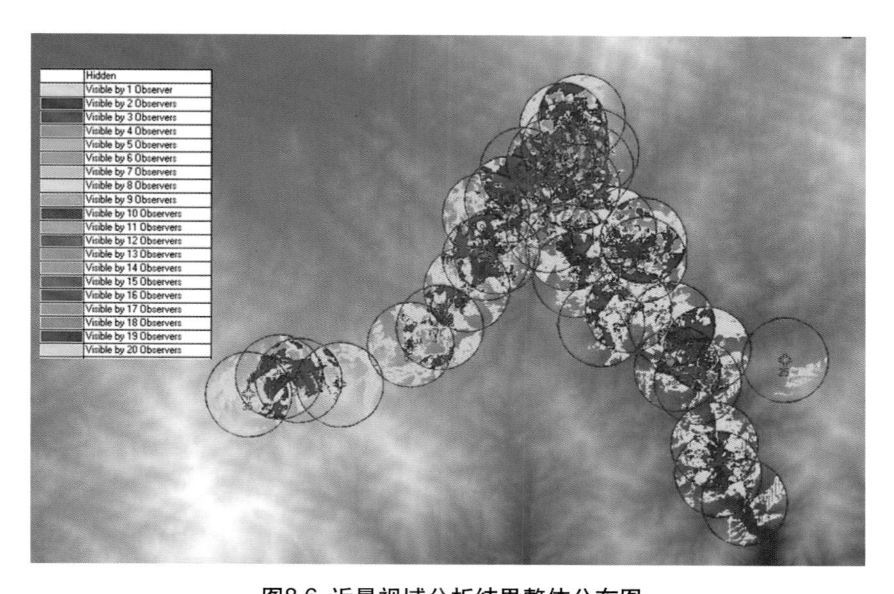

图8.6 近景视域分析结果整体分布图
Fig. 8.6 The whole distribution of the close-range view shed analysis results

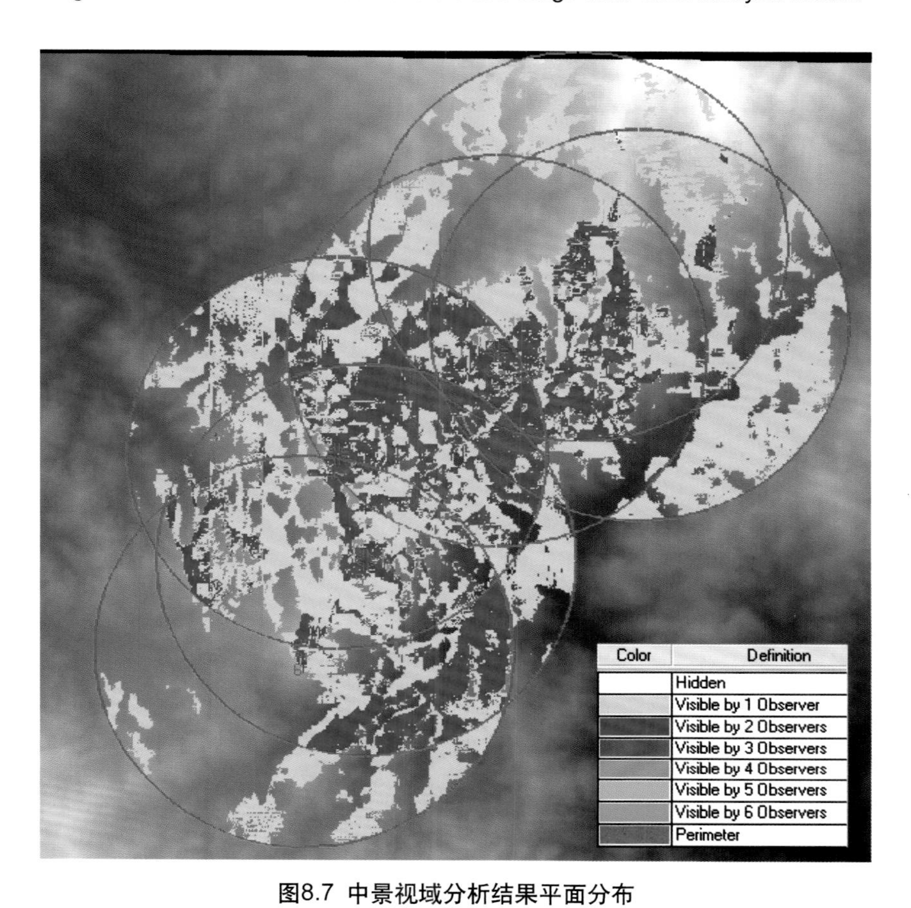

图8.7 中景视域分析结果平面分布
Fig 8.7 The plane graph of the moderate-range view shed analysis results

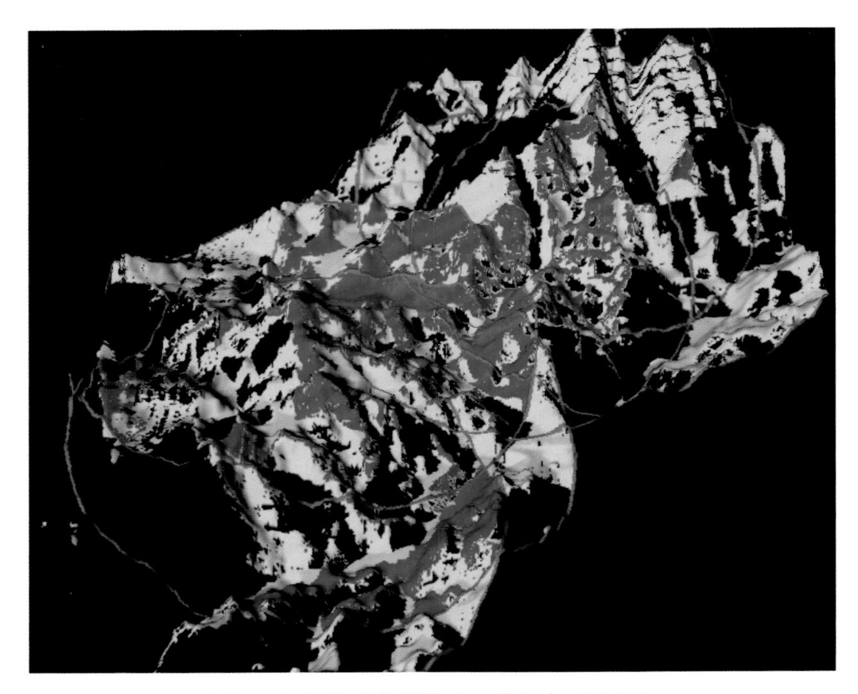

图8.8 中景视域分析结果立体分布（DEM）
Fig 8.8 The 3D graph of the moderate-range view shed analysis results（DEM）

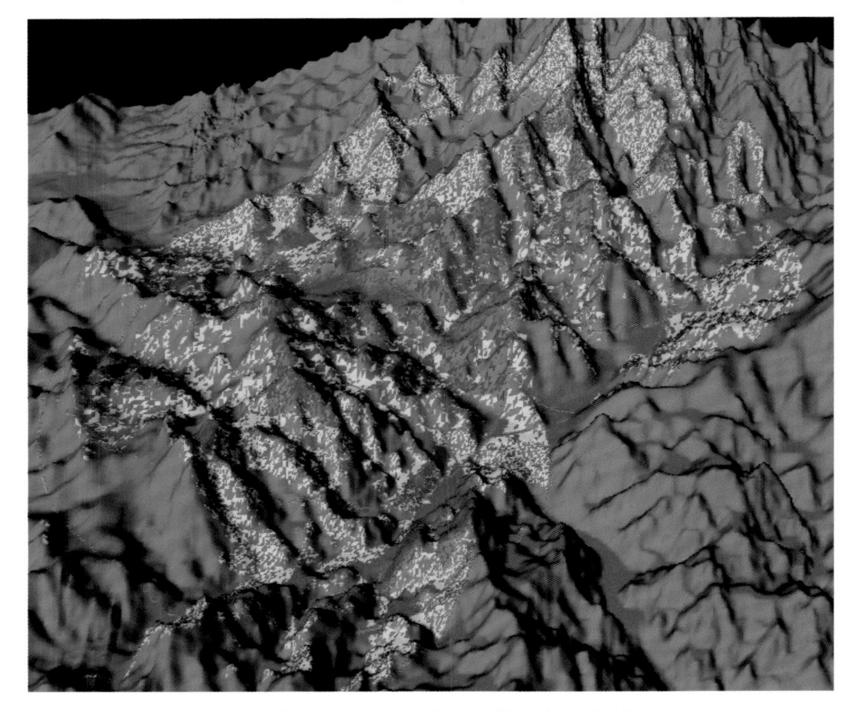

图8.9 中景视域分析结果立体分布（航片）
Fig 8.9 The 3D graph of the moderate-range view shed analysis results (aerophotograph)

图8.10 中景视域分析结果景斑分布

Fig 8.10 The patch distribution of the moderate-range view shed analysis results

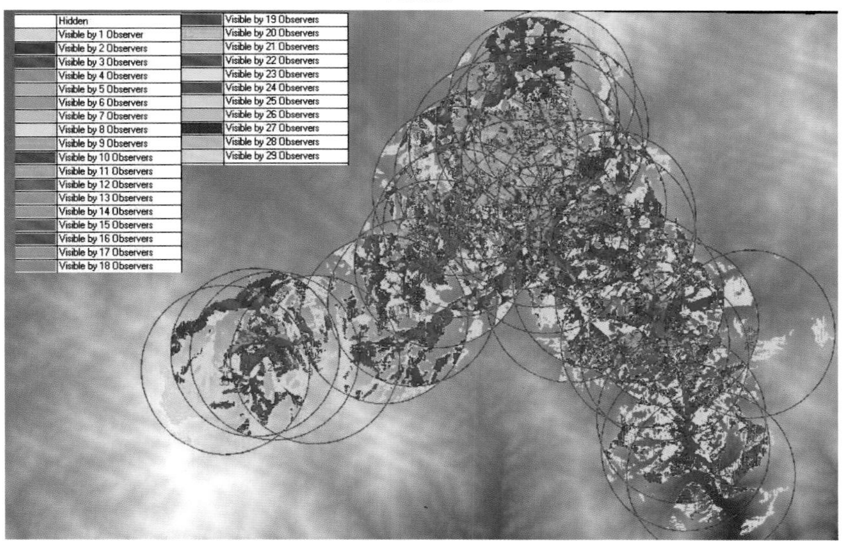

图8.11 中景视域分析结果整体分布

Fig 8.11 The whole distribution of the moderate-range view shed analysis results

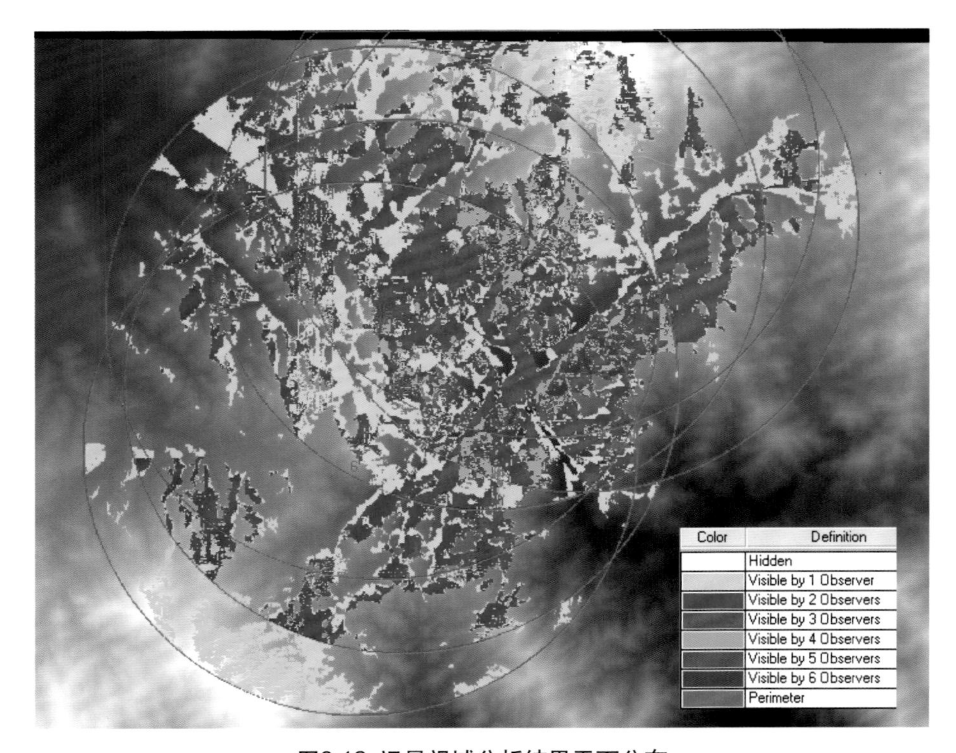

图8.12 远景视域分析结果平面分布
Fig 8.12 The plane graph of the long distance the view shed analysis results

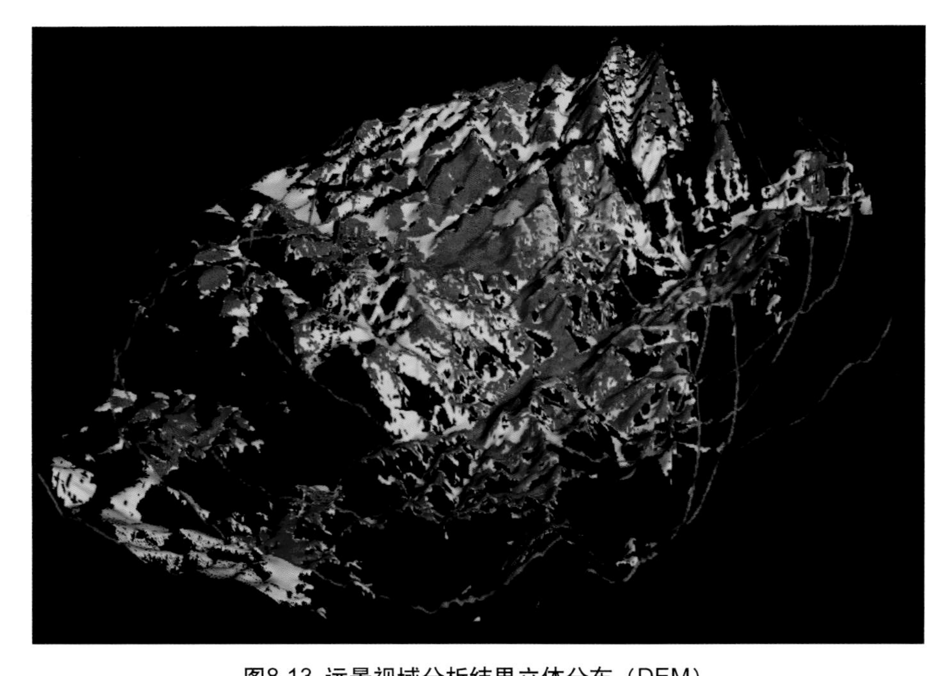

图8.13 远景视域分析结果立体分布（DEM）
Fig 8.13 The 3D graph of the long distance view shed analysis results (DEM)

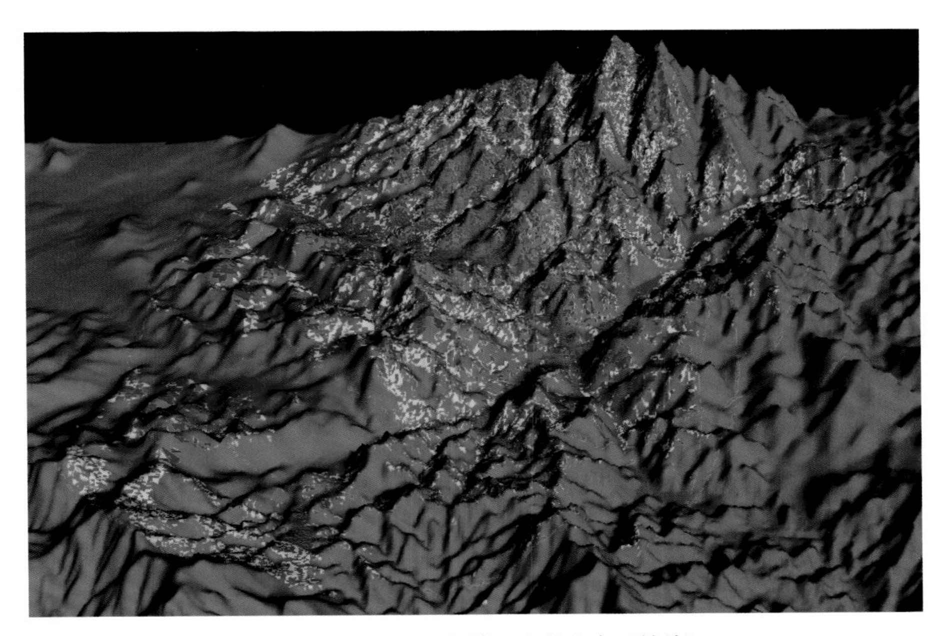

图8.14 远景视域分析结果立体分布（航片）
Fig 8.14 3D graph of the long distance-range view shed analysis results (aerophotograph)

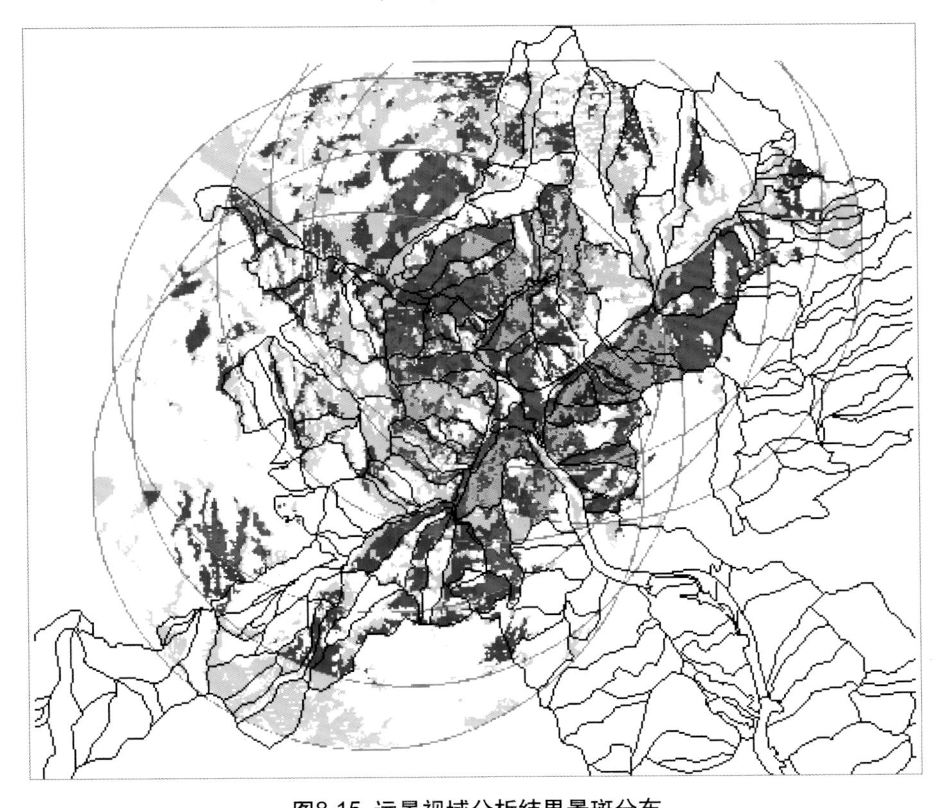

图8.15 远景视域分析结果景斑分布
Fig 8.15 The patch distribution of the moderate view shed analysis results

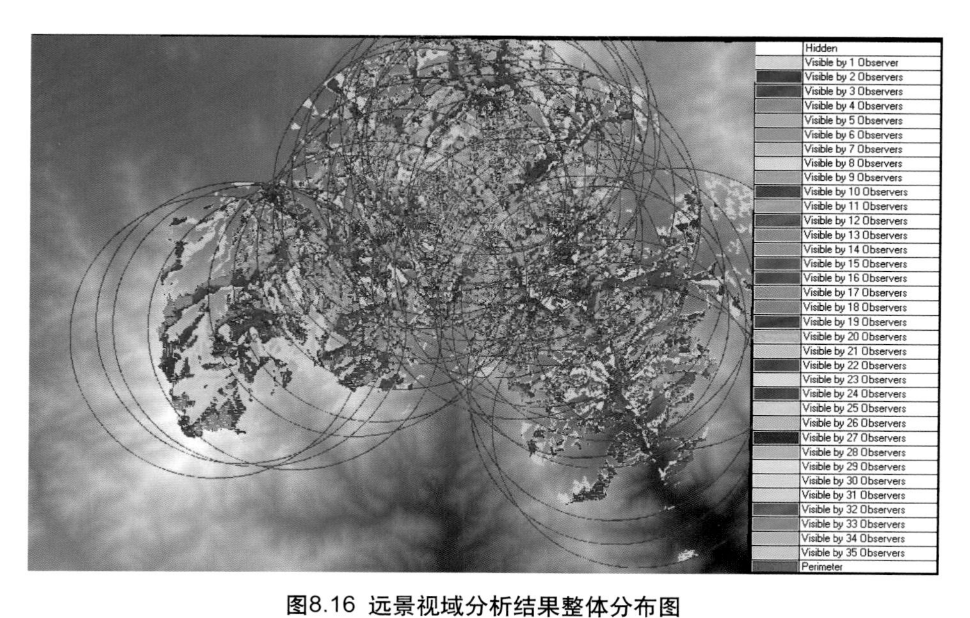

图8.16 远景视域分析结果整体分布图
Fig.8.16 The whole distribution of the long-range view shed analysis results

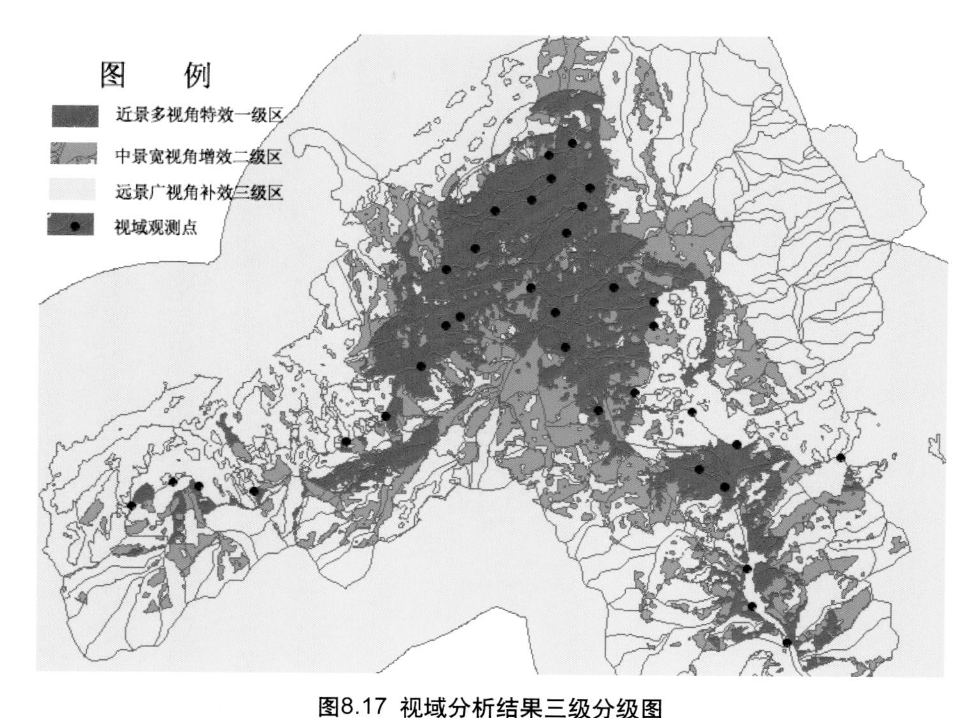

图8.17 视域分析结果三级分级图
Fig 8.17 The 3 order hierarchal classification results of view shed analysis results

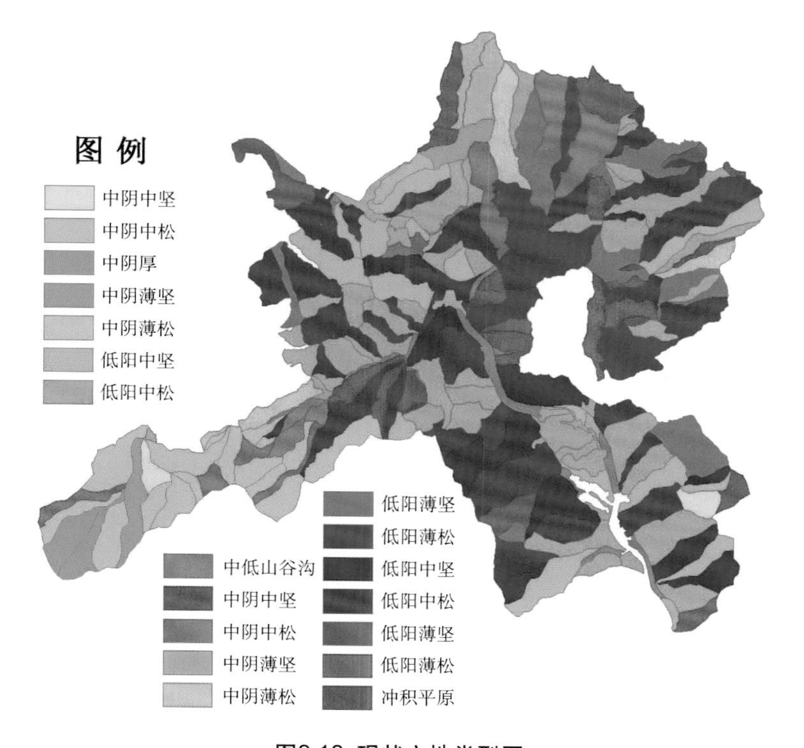

图8.18 现状立地类型图
Fig 8.18 The graph of present site types

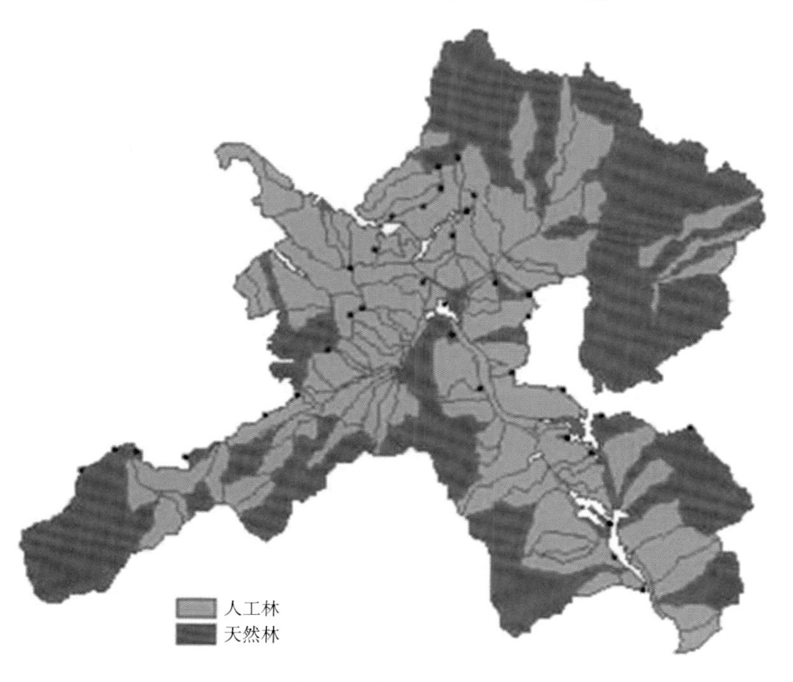

图8.19 现状森林起源分布图
Fig 8.19 The distribution graph of present forest origin

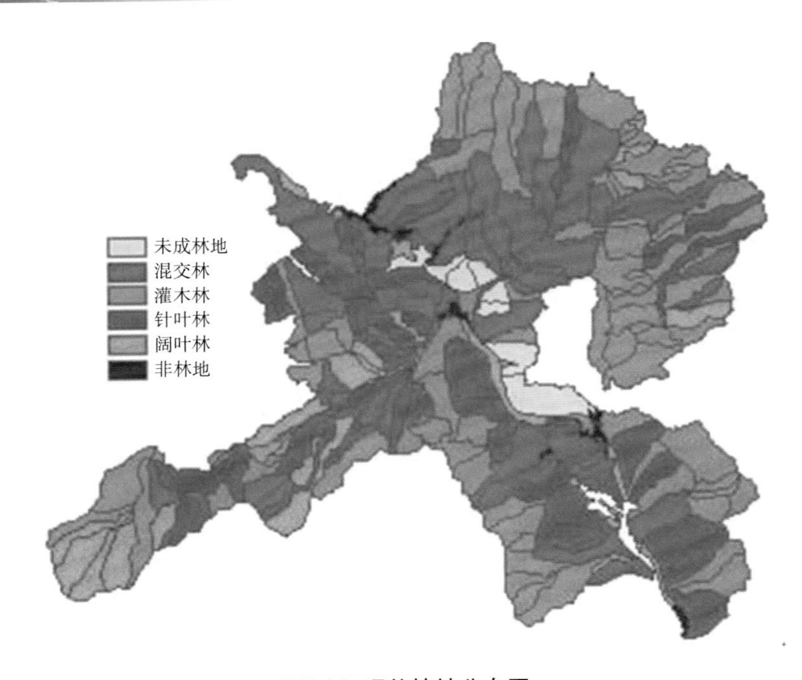

图8.20 现状植被分布图
Fig 8.20 The distribution graph of present vegetations

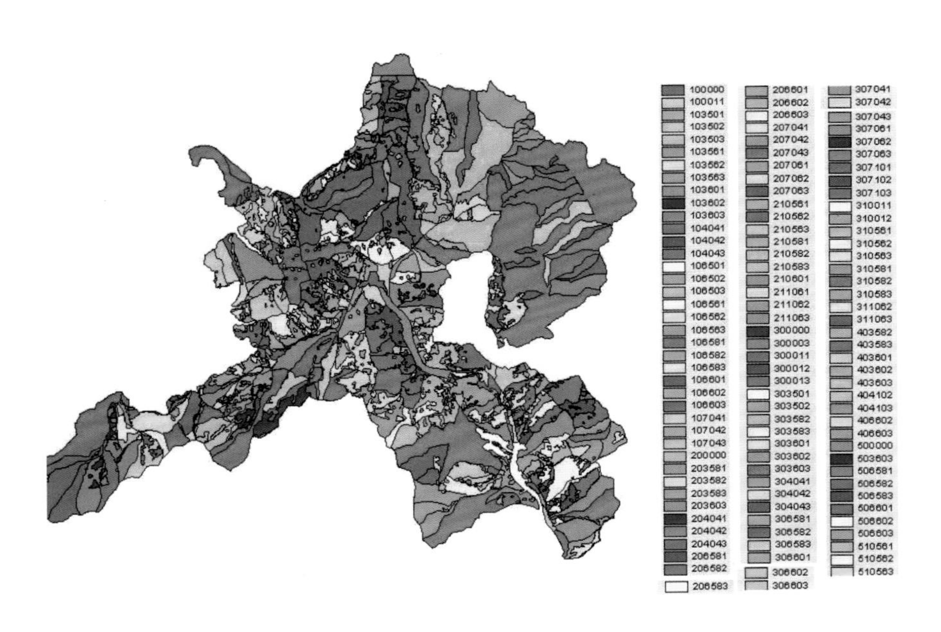

图8.21 叠加分析所产生的经营类型图
Fig 8.21 The manage type graph generated by
overlay analysis

图9.1 保安林近景一级区灌木林经营模式
Fig 9.1 The management model of shrub of the first-level area in close-range region of protection forest

图9.2 保安林近景一级区有林地经营模式
Fig 9.2 The management model of forest land in the first-level area in close-range region of protection forest

图9.3 保安林中景二级区灌木林经营模式
Fig 9.3 The management model of shrub in the second-level area in moderate-range region of protection forest

图9.4 保安林中景二级区有林地经营模式
Fig 9.4 The management model of forest land in the second-level area in moderate-range region of protection forest

图9.5 保安林远景三级区经营模式
Fig 9.5 The management model of the third-level area in prospective-range region of protection forest

图9.6 观光林近景一级区经营模式
Fig 9.6 The management model of the first-level area in close-range of sightseeing forest

图9.7 观光林中景二级区经营模式
Fig 9.7 The management model of the second-level area in moderate-range region of sightseeing forest

图9.8 观光林远景三级区经营模式
Fig 9.8 The management model of the third-level area in prospective-range region of sightseeing forest

图9.9 长城陵园林经营模式
Fig 9.9 The management model of cemetery forest in the Great Wall

图9.10 游憩林近景一级区经营模式
Fig 9.10 The management model of the first-level area in close-range region of recreation forest

图9.11 游憩林中远景区经营模式
Fig 9.11 The management model of close and prospective-range regions of recreation forest

图9.12 长城友谊林经营模式
Fig 9.12 The management model of friendship forest in the Great Wall